国家社会科学基金重点项目"中国城市规模、空间聚集与管理模式研究"(15AJL013)、国家社会科学基金重大招标项目"加快经济结构调整与促进经济自主协调发展研究"（12&ZD084）和环境保护部环境规划院课题"我国环境经济区域分化特征及改善战略研究"（2017—2018年）资助

环境质量、地区分化及增长动力

张自然 张 平 秦昌波 李 新 等 著

中国社会科学出版社

图书在版编目（CIP）数据

环境质量、地区分化及增长动力/张自然等著.—北京：
中国社会科学出版社，2020.7
ISBN 978-7-5203-3620-8

Ⅰ.①环… Ⅱ.①张… Ⅲ.①区域环境—环境经济—研
究—中国 Ⅳ.①X196

中国版本图书馆 CIP 数据核字（2018）第 266300 号

出 版 人	赵剑英	
责任编辑	卢小生	
责任校对	周晓东	
责任印制	王 超	
出 版	中国社会科学出版社	
社 址	北京鼓楼西大街甲 158 号	
邮 编	100720	
网 址	http：//www.csspw.cn	
发 行 部	010-84083685	
门 市 部	010-84029450	
经 销	新华书店及其他书店	
印 刷	北京明恒达印务有限公司	
装 订	廊坊市广阳区广增装订厂	
版 次	2020 年 7 月第 1 版	
印 次	2020 年 7 月第 1 次印刷	
开 本	710×1000 1/16	
印 张	12.75	
插 页	2	
字 数	190 千字	
定 价	70.00 元	

凡购买中国社会科学出版社图书，如有质量问题请与本社营销中心联系调换
电话：010-84083683

内容提要

　　中国经济已经步入中等偏上收入国家行列，但是，地区之间经济方面的差距始终存在，地区经济环境方面的分化特征明显。随着经济结构性减速的出现，近年来，环境经济的地区之间的差距有扩大的趋势，而地区分化加剧有可能反过来影响经济增长。本书探讨了各省区市环境质量发展和经济环境地区分化情况，并用经济指标和环境指标从人均 GDP 角度分析地区经济收敛情况，得出地区 β 收敛与否和样本周期长短有关的结论，并认为，经济增长是解决地区之间的差距的根本途径。

　　第一章构建了以较为全面的环境质量为基本框架的地区环境经济分析评价方法体系。确定 18 个环境质量指标，并用主成分分析法，得出了环境质量的代表性指标。第二章基于泰尔指数，从四个板块分析我国各地区之间环境经济的分化情况。第三章基于泰尔指数，分别按四板块和东部地区、中部地区、西部地区来分析中国地区经济发展现状，并对中国经济环境地区相关分析。第四章考虑环境因素的地区经济收敛及其增长动力，分析中国地区经济 β 收敛情况，并基于环境质量对经济增长动力实证分析，从产业结构、经济增长要素、自然资源禀赋、政策影响等角度解析经济地区分化形成的内在原因。同时，将这些可能影响地区经济分化的因素和环境质量一起进行分析，确定其影响地区之间的差异和收敛的情况。第五章基于经济发展和环境质量的评价及驱动因素解析、地区分化、收敛和增长的研究结果，提出了地区经济环境协调发展的政策。

　　关键词：环境经济　地区分化　泰尔指数　环境质量　人均 GDP

目　录

绪　　论

我国当前面临着较为严重的环境污染问题，大家直观地感受到的是空气污染比较厉害，像近些年看到的损害公众健康的 PM2.5 等污染较为严重。世界银行的资料显示，中国 500 个城市中，空气质量达到世界卫生组织推荐标准的不到 5 个，世界上污染最严重的 20 个城市中有 16 个在中国（世界银行，2007）。其他像水污染、土壤重金属污染也较为严重。全国 500 个河流监测断面中，只有 28% 达到饮用水质标准，多达 33% 的河流水体受到严重污染，以致不适用于任何用途（世界银行，2006）。

改革开放 40 年来，中国经济有了长足的进步，已经成功地跨入中等偏上收入国家行列，但地区之间的差距始终存在，随着经济出现结构性减速，近年来，地区之间的差距有扩大的趋势，地区分化加剧，有可能抑制经济的进一步增长。

改革开放前，我国的地区差别并不显著。这一点大家基本比较认同，但对于改革开放后的观点则有所分歧。有学者认为，中国地区之间的差距逐渐变大（Tsui, K. Y., 1991；魏后凯，1996；林毅夫、李周，1998 等）。Tsui（1991）认为，中国地区之间的经济差异在 1952—1970 年变化不明显，而在 1970—1985 年则有所扩大。魏后凯（1996）用加权变异系数的人均居民收入分析 1985—1995 年各省区市后，认为地区之间的差距呈扩大趋势。林毅夫、李周（1998）认为，改革开放以来，地区经济发展差距不仅继续存在，而且呈扩大的趋势。许召元、李善同（2006）认为，改革开放以来，中国地区之间的差距经历了先缩小后变大的过程，2000—2004 年，中国地区之间的差距继续扩大，而扩张速度则明显慢于 20 世纪 90 年代，2004 年地区之间的差距又出现缩小的迹象。

也有学者认为，20世纪80年代，省级地区之间的发展比较平衡（世界银行，1997；章奇，2001；贾俊雪、郭庆旺，2007）。世界银行（1997）认为，1990年以前，中国各地区之间的经济发展差异呈缩小趋势，1990年以后则呈扩大趋势。章奇（2001）认为，在整个80年代，各个省区市之间的发展是比较平衡的，而到了20世纪90年代地区之间发展差距扩大才比较明显。贾俊雪、郭庆旺（2007）认为，全国基于基尼系数的人均GDP水平差异主要源于地区之间的差异，20世纪90年代以来，中国地区之间的差异一直在扩大，但在2001年以后，地区异化速度减缓，到2003年出现了逆转迹象。张自然、陆明涛（2013）认为，我国全要素生产率增长存在显著的地区不平衡，东部地区、中部地区和西部地区的全要素生产率增长存在显著的不同。一部分学者认为，中国省级地区之间存在差距，但存在东部地区、中部地区和西部地区三个趋同俱乐部（Chen and Fleisher，1996；Jian，Sachs and Warnar，1996；Raiser，1998；Yao and Weeks，2000；蔡昉、都阳，2000；Fujita and Hu，2001；沈坤荣、马俊，2002；潘文卿，2010）。有学者还预测了俱乐部趋同的速度（林毅夫、刘培林，2003；覃成林，2004；董先安，2004；徐现祥、李郇，2004；许召元、李善同，2006）。汤姆斯（Tomkins，2004）认为，地区经济增长俱乐部趋同现象将成为研究热点。Chen和Fleisher（1996）使用索洛模型，分析了1952—1993年中国地区经济增长趋同，得出的结论是：中国地区经济增长在改革开放前出现差异化趋势，1978—1993年间出现趋同，其中，绝对收敛速度为0.9%，条件收敛速度为5.7%。Jian、Sachs和Warnar（1996）研究了1952—1993年中国经济增长的地区收敛性后，认为中国经济增长在1952—1965年经历了微弱的地区趋同，1965—1978年地区之间则出现异化现象，改革开放后又出现明显的趋同现象。Raiser（1998）分析了1978—1992年中国地区经济增长的收敛性，认为中国经济增长在改革开放后出现地区趋同，收敛速度为0.8%—4.2%。Yao和Weeks（2000）分析了1953—1997年中国地区经济增长的趋同问题，认为中国地区经济增长发生了条件趋同，其中，改革开放前的收敛速度为0.414%，改革开放后的收敛速度为

2.23%。蔡昉、都阳（2000）认为，中国的经济增长有一个地区之间的差距，没有普遍的趋同现象，但形成了东部地区、中部地区和西部地区三个趋同俱乐部。Fujita 和 Hu（2001）研究了 1985—1994 年中国经济增长的地区趋同情况，认为 1885—1994 年中国沿海地区与内地之间的经济增长的异化不断增强，而在沿海地区内部则存在趋同现象。沈坤荣、马俊（2002）认为，中国东部地区、中部地区和西部地区分别形成了趋同俱乐部。潘文卿（2010）认为，1990 年之前，在全国范围内存在显著的 β 绝对收敛特征，并收敛于东部地区与中部地区、西部地区两大"俱乐部"，但 1990 年之后，全国范围内不存在 β 绝对收敛，并且形成了东部地区、中部地区和西部地区三大收敛俱乐部。林毅夫、刘培林（2003）认为，1981—1999 年，我国地区经济增长存在条件趋同，收敛速度为每年 7%—15%。覃成林（2004）认为，中国地区经济增长在 1978—1990 年表现为趋同，收敛速度大于 2.2%，并认为，俱乐部的收敛现象主要集中在低收入群体和高收入群体内部的趋同。董先安（2004）基于 1985—2002 年省区市的数据分析表明，中国地区经济增长有明显的趋同条件，收敛速度为每年 9.6%。徐现祥、李郇（2004）通过中国 216 个地级及地级以上城市的收敛性研究后，认为中国城市的经济增长存在 α 收敛和绝对 β 收敛。许召元、李善同（2006）利用 1990—2004 年以不变价格的人均 GDP 研究后，认为我国的地区经济增长存在显著的条件趋同，趋同速度约为每年 17.6%。彭国华（2005）认为，全国和中部地区、西部地区存在条件趋同，其收敛速度为每年 7.3%。东部地区存在俱乐部趋同，而中部地区、西部地区不存在俱乐部趋同。覃成林、张伟丽（2009）认为，在俱乐部收敛的研究中，除地区分组的方法和俱乐部收敛检验的方法外，还需要选择研究的起始点和时间段。

也有学者认为，中国不存在地区收敛现象。马栓友、于红霞（2003）通过 1981—1999 年的数据分析后，认为中国地区之间的差距不但没有趋同效应，而且还以每年 1.2%—2.1% 的速度发散。刘夏明等（2004）认为，1980—2002 年在东部地区、中部地区和西部地区内部不存在俱乐部收敛。王志刚（2004）认为，中国地区经济增长总体来说不存在条件收敛。

马栓友（2003）只采用了 1995—2000 年的平均经济增长数据，样本量少（许召元、李善同，2006）。王志刚（2004）使用了较长时期的面板数据进行分析，采用的是随机效应模型（许召元、李善同，2006）。刘夏明等使用的分区方式是沿海地区和内陆地区，和一般按照东部地区、中部地区和西部地区的划分方法暂时无法比较。

关于经济发展是否趋同、趋同速度均不一致，主要有以下几个方面原因：第一，分析的经济指标不同（人均 GDP、人均可支配收入或者居民消费水平），或者用总量经济指标；第二，经济指标是名义值而不是统一为以基年为基期的不变价格，或者用 CPI 价格指数等替代相应指标的不变价格指数，或者用全国的指数来替代地区的指数，等等问题；第三，分析的时期和时间的长短不一致，导致结果也不一致；第四，样本量少；第五，不同数据来源的差别；第六，存在多种衡量地区之间差别的统计指标（包括基尼系数、泰尔指数、有权重或无权重的变异系数等）；第七，分析或建模方法各不相同。

不过，大部分学者认为，中国在经济高速增长的同时，中国的地区逐渐趋同，地区之间的差别越来越小。但是，自 2011 年以来，中国经济出现结构性减速，由此可能再次出现地区分化的可能。在早几年之前，我们已经开始意识到中国的省级地区之间可能出现分化现象。《中国经济增长报告（2013—2014）》的副标题就是"TFP 和劳动生产率冲击与地区分化"，就提及地区可能出现分化，地区发展前景的副标题也为"地区增长与分化"。主要是自 2011 年以来大部分省区市经济出现结构性减速，中国已经进入结构性减速阶段。劳动生产率增长率的下降和全要素生产率（TFP）增长对经济的贡献变小，由此可能产生一系列的问题，包括地区之间的分化。近几年的地区发展前景的研究发现，地区分化可能越来越明显。地区分化如果越来越厉害，就有可能影响经济增长，因此，我们觉得有必要探讨地区分化这个问题。2010 年前后，对 1990 年前的地区分化问题有过较多的探讨，本书主要探讨 1990 年后的主要经济指标和 2003 年后环境质量的地区分化情况。

第一章 中国地区环境质量发展情况[*]

中国各省区市环境质量发展情况拟采用《中国经济增长报告（2013—2014）》的方法对中国 30 个省区市 2003—2016 年的环境质量进行评估。具体指标有自然保护区面积、万人城市园林绿地面积、人均水资源量、万元 GDP 能耗指标、万元 GDP 电力消耗指标、工业废水排放量、工业二氧化硫排放量、工业烟尘排放量、工业粉尘排放量、工业"三废"综合利用产品产值比、PM10、PM2.5、二氧化硫、二氧化氮、臭氧、空气质量良好天数、环境污染治理投资总额占 GDP 比重、治理工业污染项目投资占 GDP 比重 18 个环境质量指标，以上指标均转化为正向指标。

本章第一节为中国各省区市环境质量评价结果，第二节为各省区市"十三五"环境质量增长指数及排名，第三节为各省区市环境质量分级情况，第四节为各省区市环境质量改善分析，第五节为各省区市环境质量的影响因素分析，第六节为简短结论。下面将通过近 20 个指标，运用主成分分析法对 30 个省区市 2003—2016 年的环境质量进行客观评价，并按权重将各省区市分为五级，进而对影响各省区市环境质量、二级指标和具体指标等进行分析。

---

* 本章作者：张自然，中国社会科学院经济研究所研究员，研究方向：技术进步与经济增长；储成君，生态环境部环境规划院助理研究员；关杨，生态环境部环境规划院博士、助理研究员。

第一节 中国各省区市环境质量评价结果

通过主成分分析法，得出中国各省区市环境质量排名、环境质量指数等。中国各省区市环境质量评价指标设计、数据来源及处理和中国各省区市的环境质量评价过程见附录。

一 2016 年环境质量排名及权重

和 2015 年相比，2016 年环境质量排名上升的省区市有 9 个：上升了 6 位的省区市有 1 个，吉林省从第 23 位上升到第 17 位；上升了 4 位的省区市有 1 个，黑龙江省从第 14 位上升到第 10 位；上升了 3 位的省区市有 2 个，青海省从第 6 位上升到第 3 位，浙江省从第 12 位上升到第 9 位；上升了 2 位的省区市有 1 个，湖南省从第 18 位上升到第 16 位；上升了 1 位的省区市有 4 个，贵州省从第 16 位上升到第 15 位，陕西省从第 24 位上升到第 23 位，辽宁省从第 26 位上升到第 25 位，山东省从第 28 位上升到第 27 位。

排名下降的省区市有 13 个：下降了 3 位的省区市有 2 个，江西省从第 15 位下降到第 18 位，广东省从第 11 位下降到第 14 位；下降了 2 位的省区市有 5 个，天津市从第 10 位下降到第 12 位，安徽省从第 17 位下降到第 19 位，山西省从第 22 位下降到第 24 位，新疆维吾尔自治区从第 3 位下降到第 5 位，福建省从第 9 位下降到第 11 位；下降了 1 位的省区市有 6 个，重庆市从第 21 位下降到第 22 位，甘肃省从第 19 位下降到第 20 位，湖北省从第 27 位下降到第 28 位，江苏省从第 20 位下降到第 21 位，上海市从第 5 位下降到第 6 位，四川省从第 25 位下降到第 26 位。

各省区市 2016 年环境质量排名不变（见表 1-1 和表 1-2）。

二 2015 年环境质量排名及权重

和 2014 年相比，2015 年环境质量排名上升的省区市有 12 个：上升了 9 位的省区市有 1 个，湖南省从第 27 位上升到第 18 位；上升了 6 位的省区市有 1 个，广西壮族自治区从第 19 位上升到第 13 位；上

表 1-1 2016 年环境质量排名变化情况

环境质量	省区市
排名上升 (共 9 个)	吉林省 (+6)、黑龙江省 (+4)、青海省 (+3)、浙江省 (+3)、湖南省 (+2)、贵州省 (+1)、陕西省 (+1)、辽宁省 (+1)、山东省 (+1)
排名不变 (共 8 个)	河北省、海南省、河南省、北京市、内蒙古自治区、宁夏回族自治区、云南省、广西壮族自治区
排名下降 (共 13 个)	四川省 (-1)、上海市 (-1)、江苏省 (-1)、湖北省 (-1)、甘肃省 (-1)、重庆市 (-1)、福建省 (-2)、新疆维吾尔自治区 (-2)、山西省 (-2)、安徽省 (-2)、天津市 (-2)、广东省 (-3)、江西省 (-3)

注:省区市括号内的数字上升或下降位数,"+"号为上升,"-"号为下降。下同。

表 1-2 2016 年环境质量排名变化及权重

地区	2015年	2016年	2016年变化	权重	地区	2015年	2016年	2016年变化	权重	地区	2015年	2016年	2016年变化	权重
北京	2	2	0	5.31	浙江	12	9	3	3.86	海南	1	1	0	14.51
天津	10	12	-2	3.39	安徽	17	19	-2	2.49	重庆	21	22	-1	2.29
河北	29	29	0	1.27	福建	9	11	-2	3.67	四川	25	26	-1	1.66
山西	22	24	-2	1.81	江西	15	18	-3	2.65	贵州	16	15	1	2.98
内蒙古	8	8	0	4.00	山东	28	27	1	1.40	云南	7	7	0	4.25
辽宁	26	25	1	1.68	河南	30	30	0	0.39	陕西	24	23	1	1.90
吉林	23	17	6	2.78	湖北	27	28	-1	1.33	甘肃	19	20	-1	2.47
黑龙江	14	10	4	3.70	湖南	18	16	2	2.89	青海	6	3	3	4.82
上海	5	6	-1	4.53	广东	11	14	-3	3.13	宁夏	4	4	0	4.73
江苏	20	21	-1	2.40	广西	13	13	0	3.19	新疆	3	5	-2	4.55

升了 5 位的省区市有 1 个,广东省从第 16 位上升到第 11 位;上升了 4 位的省区市有 1 个,福建省从第 13 位上升到第 9 位;上升了 2 位的省区市有 5 个,江西省从第 17 位上升到第 15 位,湖北省从第 29 位上升到第 27 位,北京市从第 4 位上升到第 2 位,重庆市从第 23 位上升到第 21 位,辽宁省从第 28 位上升到第 26 位;上升了 1 位的省区市有 3 个,上海市从第 6 位上升到第 5 位,江苏省从第 21 位上升到第 20 位,云南省从第 8 位上升到第 7 位。

排名下降的省区市有 12 个:下降了 9 位的省区市有 1 个,甘肃省从第 10 位下降到第 19 位；下降了 5 位的省区市有 1 个，贵州省从第 11 位下降到第 16 位；下降了 4 位的省区市有 3 个，陕西省从第 20 位下降到第 24 位，山西省从第 18 位下降到第 22 位，山东省从第 24 位下降到第 28 位；下降了 3 位的省区市有 1 个，河北省从第 26 位下降到第 29 位；下降了 2 位的省区市有 2 个，安徽省从第 15 位下降到第 17 位，宁夏回族自治区从第 2 位下降到第 4 位；下降了 1 位的省区市有 4 个，天津市从第 9 位下降到第 10 位，青海省从第 5 位下降到第 6 位，吉林省从第 22 位下降到第 23 位，内蒙古自治区从第 7 位下降到第 8 位。

各省区市 2015 年环境质量排名不变（见表 1-3 和表 1-4）。

表 1-3　　　　　　　　2015 年环境质量排名变化情况

环境质量	省区市
排名上升（共 12 个）	湖南省（+9）、广西壮族自治区（+6）、广东省（+5）、福建省（+4）、江西省（+2）、湖北省（+2）、北京市（+2）、重庆市（+2）、辽宁省（+2）、上海市（+1）、江苏省（+1）、云南省（+1）
排名不变（共 6 个）	浙江省、河南省、新疆维吾尔自治区、四川省、黑龙江省、海南省
排名下降（共 12 个）	内蒙古自治区（-1）、吉林省（-1）、青海省（-1）、天津市（-1）、宁夏回族自治区（-2）、安徽省（-2）、河北省（-3）、山东省（-4）、山西省（-4）、陕西省（-4）、贵州省（-5）、甘肃省（-9）

表 1-4　　　　　　　　2015 年环境质量排名变化及权重

地区	2014年	2015年	2015年变化	权重	地区	2014年	2015年	2015年变化	权重	地区	2014年	2015年	2015年变化	权重
北京	4	2	2	5.41	浙江	12	12	0	3.23	海南	1	1	0	14.03
天津	9	10	-1	3.65	安徽	15	17	-2	2.82	重庆	23	21	2	2.42
河北	26	29	-3	1.45	福建	13	9	4	3.71	四川	25	25	0	1.76
山西	18	22	-4	2.25	江西	17	15	2	2.92	贵州	11	16	-5	2.84
内蒙古	7	8	-1	3.88	山东	24	28	-4	1.50	云南	8	7	1	4.20
辽宁	28	26	2	1.56	河南	30	30	0	0.49	陕西	20	24	-4	2.20
吉林	22	23	-1	2.22	湖北	29	27	2	1.53	甘肃	10	19	-9	2.58
黑龙江	14	14	0	3.03	湖南	27	18	9	2.63	青海	5	6	-1	4.58
上海	6	5	1	4.62	广东	16	11	5	3.30	宁夏	2	4	-2	4.66
江苏	21	20	1	2.45	广西	19	13	6	3.13	新疆	3	3	0	4.95

三　中国各省区市和地区环境质量增长指数及排名

通过主成分分析法得出各省区市和地区 2003—2016 年环境质量
排名情况（按排名顺序）、各省区市和地区 2003—2016 年环境质量排
名情况、各省区市和地区 2003—2016 年环境质量指数（上一年 =
100）以及各省区市和地区 2003—2016 年环境质量指数（以 2003 年为
基期），分别见表 1 – 5、表 1 – 6、表 1 – 7 和表 1 – 8。2016 年、2015
年、2014 年、2010 年以来、2003 年以来 30 个省区市环境质量综合评分
分别见图 1 – 1、图 1 – 2、图 1 – 3、图 1 – 4 和图 1 – 5。

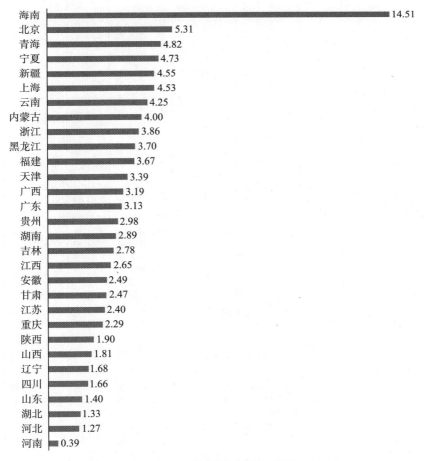

图 1 – 1　30 个省区市 2016 年环境质量综合评分

表1-5 各省区市和地区2003—2016年环境质量排名情况（按排名顺序）

排名	2003年	2004年	2005年	2006年	2007年	2008年	2009年	2010年	2011年	2012年	2013年	2014年	2015年	2016年	综合	2010年后
1	海南	海南	海南	海南	海南	海南	海南	海南	海南	海南	海南	海南	海南	海南	海南	海南
2	青海	宁夏	青海	宁夏	宁夏	宁夏	青海	青海	青海	青海	宁夏	宁夏	北京	北京	青海	青海
3	宁夏	青海	天津	青海	青海	青海	宁夏	北京	内蒙古	北京	北京	新疆	新疆	青海	宁夏	宁夏
4	新疆	新疆	福建	贵州	甘肃	山西	北京	宁夏	北京	宁夏	新疆	北京	宁夏	宁夏	北京	北京
5	天津	内蒙古	贵州	北京	天津	北京	天津	内蒙古	宁夏	甘肃	青海	青海	上海	新疆	新疆	新疆
6	福建	福建	宁夏	山东	北京	内蒙古	山西	天津	天津	新疆	内蒙古	上海	青海	上海	内蒙古	内蒙古
7	北京	贵州	新疆	甘肃	山西	天津	新疆	上海	上海	上海	甘肃	内蒙古	云南	云南	天津	上海
8	贵州	山西	辽宁	内蒙古	内蒙古	甘肃	上海	广东	新疆	内蒙古	上海	云南	内蒙古	内蒙古	甘肃	云南
9	吉林	天津	北京	天津	贵州	广西	内蒙古	山西	云南	天津	云南	天津	福建	浙江	上海	天津
10	云南	吉林	甘肃	广西	云南	贵州	广西	甘肃	山西	山西	黑龙江	甘肃	天津	黑龙江	云南	甘肃
11	内蒙古	辽宁	山西	辽宁	辽宁	云南	甘肃	云南	贵州	云南	安徽	贵州	广东	福建	贵州	福建
12	安徽	甘肃	广西	云南	新疆	新疆	云南	新疆	黑龙江	黑龙江	天津	浙江	浙江	天津	山西	黑龙江
13	黑龙江	四川	内蒙古	山东	广西	黑龙江	贵州	广西	甘肃	福建	福建	福建	广西	广西	福建	贵州
14	甘肃	北京	云南	福建	山东	上海	黑龙江	陕西	福建	贵州	贵州	黑龙江	黑龙江	广东	广西	广东
15	广西	安徽	山东	新疆	上海	山东	福建	福建	重庆	江西	山西	安徽	江西	贵州	黑龙江	山西
16	辽宁	黑龙江	四川	上海	福建	浙江	安徽	黑龙江	江西	安徽	浙江	广东	贵州	湖南	安徽	浙江
17	四川	云南	江苏	四川	四川	安徽	陕西	吉林	安徽	广西	广西	江西	安徽	吉林	江西	广西
18	山东	江西	江西	江西	江西	吉林	吉林	贵州	河北	辽宁	江西	山西	湖南	江西	吉林	安徽

续表

排名	2003年	2004年	2005年	2006年	2007年	2008年	2009年	2010年	2011年	2012年	2013年	2014年	2015年	2016年	综合	2010年后
19	江苏	广西	上海	黑龙江	浙江	江苏	山东	江西	广西	浙江	江苏	广西	甘肃	安徽	广东	江西
20	广东	江苏	吉林	吉林	黑龙江	福建	江西	重庆	吉林	吉林	广东	陕西	江苏	甘肃	浙江	吉林
21	陕西	山东	陕西	江苏	江苏	广东	江苏	安徽	陕西	陕西	重庆	江苏	重庆	江苏	辽宁	重庆
22	上海	上海	安徽	安徽	安徽	河北	广东	浙江	广东	广东	陕西	吉林	山西	重庆	江苏	江苏
23	湖北	广东	广东	浙江	吉林	四川	浙江	山东	江苏	江苏	吉林	重庆	吉林	陕西	山东	陕西
24	山西	湖北	黑龙江	广东	广东	江西	湖北	河北	山东	山东	辽宁	山东	陕西	山西	陕西	辽宁
25	河南	陕西	湖北	湖北	河北	辽宁	辽宁	江苏	辽宁	重庆	山东	四川	四川	辽宁	四川	湖南
26	江西	河南	河北	河南	河南	重庆	重庆	辽宁	浙江	河北	湖南	河北	辽宁	四川	重庆	山东
27	浙江	浙江	河南	湖南	湖南	河南	四川	湖北	四川	湖北	河北	湖南	河北	山东	河北	河北
28	重庆	河北	浙江	陕西	陕西	陕西	河北	湖南	湖北	湖南	湖北	辽宁	山东	湖北	湖北	四川
29	河北	重庆	湖南	湖南	湖北	湖北	湖南	四川	湖南	湖南	四川	湖北	湖北	河北	湖南	湖南
30	湖南	湖南	重庆	重庆	重庆	湖南	河南	河南	河南	河南	河南	河南	河南	河南	河南	河南

排名	2003年	2004年	2005年	2006年	2007年	2008年	2009年	2010年	2011年	2012年	2013年	2014年	2015年	2016年	综合	2010年后
1	西部	东部	东部	东部	东部	东部	东部	东部	东部	东部	东部	东部	东部	东部	东部	东部
2	东部	西部	西部	西部	西部	西部	西部	西部	西部	西部	西部	西部	西部	西部	西部	西部
3	东北	东北	东北	东北	东北	东北	东北	东北	东北	东北	东北	东北	东北	东北	东北	东北
4	中部	中部	中部	中部	中部	中部	中部	中部	中部	中部	中部	中部	中部	中部	中部	中部

表 1－6　各省区市和地区 2003—2016 年环境质量排名情况

地区	序号	2003年	2004年	2005年	2006年	2007年	2008年	2009年	2010年	2011年	2012年	2013年	2014年	2015年	2016年	综合	2010年后
北京	1	7	14	9	5	6	5	4	3	4	3	3	4	2	2	4	4
天津	2	5	9	3	9	5	7	5	6	6	9	12	9	10	12	7	9
河北	3	29	28	26	28	25	22	28	24	18	26	27	26	29	29	27	27
山西	4	24	8	11	6	7	4	6	9	10	10	15	18	22	24	12	15
内蒙古	5	11	5	13	8	8	6	9	5	3	8	6	7	8	8	6	6
辽宁	6	16	11	8	10	10	25	25	26	25	18	24	28	26	25	21	24
吉林	7	9	10	20	20	23	18	18	17	20	20	23	22	23	17	18	20
黑龙江	8	13	16	24	19	20	13	14	16	12	12	10	14	14	10	15	12
上海	9	22	22	19	16	15	14	8	7	7	7	8	6	5	6	9	7
江苏	10	19	20	17	21	21	19	21	25	23	23	19	21	20	21	22	22
浙江	11	27	27	28	23	19	16	23	22	26	19	16	12	12	9	20	16
安徽	12	12	15	22	22	22	17	16	21	17	16	11	15	17	19	16	18
福建	13	6	6	4	14	16	20	15	15	14	13	13	13	9	11	13	11
江西	14	26	18	18	18	18	24	20	19	16	15	18	17	15	18	17	19
山东	15	18	21	15	13	14	15	19	23	24	24	25	24	28	27	23	26
河南	16	25	26	27	26	26	27	30	30	30	30	30	30	30	30	30	30
湖北	17	23	24	25	25	29	29	24	27	28	27	28	29	27	28	28	29

续表

地区	序号	2003年	2004年	2005年	2006年	2007年	2008年	2009年	2010年	2011年	2012年	2013年	2014年	2015年	2016年	综合	2010年后
湖南	18	30	30	29	27	27	30	29	28	29	28	26	27	18	16	29	25
广东	19	20	23	23	24	24	21	22	8	22	22	20	16	11	14	19	14
广西	20	15	19	12	11	13	9	10	13	19	17	17	19	13	13	14	17
海南	21	1	1	1	1	1	1	1	1	1	1	1	1	1	1	1	1
重庆	22	28	29	30	30	30	26	26	20	15	25	21	23	21	22	26	21
四川	23	17	13	16	17	17	23	27	29	27	29	29	25	25	26	25	28
贵州	24	8	7	5	4	9	10	13	18	11	14	14	11	16	15	11	13
云南	25	10	17	14	12	11	11	12	11	9	11	9	8	7	7	10	8
陕西	26	21	25	21	29	28	28	17	14	21	21	22	20	24	23	24	23
甘肃	27	14	12	10	7	4	8	11	10	13	5	7	10	19	20	8	10
青海	28	2	3	2	3	3	3	2	2	2	2	5	5	6	3	2	2
宁夏	29	3	2	6	2	2	2	3	4	5	4	2	2	4	4	3	3
新疆	30	4	4	7	15	12	12	7	12	8	6	4	3	3	5	5	5
地区	序号	2003年	2004年	2005年	2006年	2007年	2008年	2009年	2010年	2011年	2012年	2013年	2014年	2015年	2016年	综合	2010年后
东部	1	1	2	1	1	1	1	1	1	1	1	1	1	1	1	1	1
中部	2	4	4	4	4	4	4	4	4	4	4	4	4	4	4	4	4
西部	3	1	1	2	2	2	2	2	2	2	2	3	2	2	2	2	2
东北	4	3	3	3	3	3	3	3	3	3	3	3	3	3	3	3	3

表1-7   各省区市和地区2003—2016年环境质量指数

（上一年＝100）

地区	2003年	2004年	2005年	2006年	2007年	2008年	2009年	2010年	2011年	2012年	2013年	2014年	2015年	2016年
北京	109.7	92.9	117.0	116.1	95.9	106.2	101.9	98.2	100.6	108.5	103.0	108.6	97.4	106.5
天津	92.1	92.4	125.3	92.9	104.0	104.1	100.9	94.3	106.0	92.8	90.3	111.7	98.1	103.6
河北	96.5	121.8	117.8	90.6	107.3	113.0	93.6	103.5	116.4	89.4	84.4	114.2	90.6	104.2
山西	93.6	138.6	103.5	117.2	98.5	120.1	86.7	91.3	94.9	104.7	91.6	90.0	95.0	98.3
内蒙古	104.7	125.1	86.9	124.3	96.3	108.2	94.8	104.4	108.0	88.9	106.7	104.3	91.0	110.3
辽宁	104.7	117.7	109.3	104.7	94.0	73.9	103.7	96.2	107.7	114.8	82.9	95.3	97.8	112.8
吉林	91.7	107.9	86.2	96.8	97.8	112.2	99.2	107.3	93.3	100.0	89.2	108.2	100.9	122.4
黑龙江	76.6	104.8	93.8	102.7	98.4	119.4	100.8	97.5	104.9	104.5	104.3	91.3	101.3	122.2
上海	103.4	96.6	118.1	100.0	106.2	107.9	123.8	95.5	98.2	107.9	95.0	113.4	101.0	106.6
江苏	105.2	100.5	116.3	89.4	102.1	107.3	94.6	93.9	108.3	101.8	103.2	97.4	104.8	107.5
浙江	96.0	102.0	103.5	110.7	106.2	114.1	86.8	101.5	96.3	112.0	109.6	105.7	102.4	120.8
安徽	102.7	103.8	92.2	94.9	103.2	112.5	98.7	94.4	108.2	105.4	111.4	91.6	99.3	101.5
福建	107.7	110.2	112.2	76.7	96.4	95.0	108.2	106.2	100.0	107.6	97.6	100.0	112.2	107.6
江西	96.2	121.1	106.7	97.0	98.7	94.5	106.8	112.0	101.2	103.7	90.4	104.6	106.9	103.0
山东	97.3	100.2	121.1	100.2	97.2	105.2	88.6	95.9	103.4	102.0	87.1	108.9	88.4	106.5
河南	100.9	98.1	106.6	99.4	98.8	102.7	91.5	90.5	107.9	99.7	86.5	103.8	89.5	106.5
湖北	100.9	97.6	110.6	94.0	91.8	103.8	117.9	93.1	94.4	105.6	89.6	109.2	98.2	103.5
湖南	93.2	109.6	118.7	109.2	97.5	100.0	106.6	97.0	94.0	109.2	97.3	105.8	124.7	114.4
广东	118.8	93.9	115.7	88.9	99.1	115.6	99.3	137.9	73.9	101.9	102.5	110.7	109.3	105.2
广西	96.5	95.7	124.5	97.6	98.2	117.4	105.8	86.5	90.2	104.2	94.8	100.2	115.5	109.6
海南	100.9	102.3	92.1	109.2	116.1	97.3	102.9	103.0	103.0	110.1	91.8	106.0	102.5	110.4
重庆	97.9	102.4	101.7	105.1	102.6	112.8	105.5	110.3	109.3	87.8	97.2	103.9	106.2	105.7
四川	105.4	117.8	98.3	91.2	100.1	94.9	96.6	91.2	107.9	91.7	92.4	124.6	95.4	106.3
贵州	110.2	106.0	121.9	104.2	90.7	96.9	92.0	93.6	108.7	99.1	100.2	102.7	93.5	111.5
云南	105.1	96.8	110.7	100.1	106.7	103.3	100.7	101.5	101.5	101.8	101.4	105.5	106.2	109.0
陕西	107.7	91.8	119.8	79.3	102.7	106.9	123.3	110.9	86.8	101.5	92.0	108.0	98.8	101.7
甘肃	84.4	116.2	107.4	115.4	110.4	85.0	103.1	97.0	89.6	125.2	99.0	93.0	81.1	106.2
青海	89.9	100.8	84.6	94.8	106.4	107.6	98.3	92.4	110.3	92.5	89.8	111.0	91.3	112.0
宁夏	82.8	152.7	60.5	129.2	101.8	117.4	73.0	95.9	101.2	100.6	121.6	119.7	73.4	109.2
新疆	101.5	98.1	95.0	81.5	107.4	107.0	118.9	85.4	109.4	108.8	113.1	114.3	87.6	102.0
东部	98.0	107.0	102.3	100.8	101.7	104.7	99.7	98.9	101.0	102.9	97.4	105.5	97.8	108.4
中部	102.3	102.0	110.5	98.9	103.5	101.9	100.9	101.9	100.7	105.1	94.8	106.6	101.0	108.6
西部	93.5	109.8	100.8	101.7	98.2	109.1	99.5	97.8	99.6	104.1	95.6	99.2	102.1	109.3
东北	96.7	110.2	95.7	102.3	102.0	105.0	98.6	96.5	102.1	99.8	101.5	108.0	92.3	107.8

表 1-8 各省区市和地区 2003—2016 年环境质量指数（以 2003 年为基期）

地区	2003年	2004年	2005年	2006年	2007年	2008年	2009年	2010年	2011年	2012年	2013年	2014年	2015年	2016年
北京	100.0	92.9	108.7	126.2	121.0	128.5	130.9	128.6	129.4	140.4	144.6	157.1	153.1	163.0
天津	100.0	92.4	115.7	107.5	111.8	116.4	117.4	110.7	117.3	108.8	98.3	109.8	107.6	111.5
河北	100.0	121.8	143.4	129.9	139.4	157.5	147.4	152.6	177.5	158.7	133.9	152.9	138.6	144.4
山西	100.0	138.6	143.4	168.2	165.6	198.9	172.3	157.4	149.4	156.4	143.2	128.9	122.5	120.4
内蒙古	100.0	125.1	108.7	135.1	130.1	140.7	133.4	139.2	150.4	133.2	142.6	148.7	135.2	149.2
辽宁	100.0	117.7	128.7	134.7	126.7	93.6	97.1	93.4	100.7	115.5	95.8	91.3	89.3	100.7
吉林	100.0	107.9	92.9	89.9	87.9	98.7	97.8	104.9	97.9	97.9	87.3	94.4	95.2	116.6
黑龙江	100.0	104.8	98.3	100.9	99.3	118.6	119.5	116.7	122.3	127.8	133.4	121.7	123.2	150.6
上海	100.0	96.6	114.0	115.0	122.2	131.8	163.2	155.9	153.2	165.3	156.9	178.0	179.7	191.7
江苏	100.0	100.5	116.9	104.5	106.7	114.4	108.3	101.6	110.0	112.0	115.6	112.6	118.0	126.8
浙江	100.0	102.0	105.6	116.9	124.2	141.6	123.0	124.8	120.1	134.5	147.4	155.8	159.6	192.7
安徽	100.0	103.8	95.7	90.8	93.7	105.4	99.0	98.2	106.3	112.0	124.8	114.3	113.5	115.3
福建	100.0	110.2	123.7	94.8	91.4	86.8	93.9	99.7	99.7	107.3	104.7	104.7	117.5	126.4
江西	100.0	121.1	129.3	125.4	123.7	116.1	124.9	139.8	141.5	146.7	132.7	138.8	148.3	152.7
山东	100.0	100.2	121.4	121.6	118.2	124.4	110.3	105.7	109.4	111.6	97.2	105.9	93.6	99.7
河南	100.0	98.1	104.5	103.9	102.7	105.2	96.5	87.3	94.2	93.9	81.2	84.3	75.4	80.2
湖北	100.0	97.6	108.0	101.5	93.2	96.7	114.1	106.2	100.3	105.9	94.8	103.5	101.7	105.2
湖南	100.0	109.6	130.1	142.0	138.5	138.5	147.7	143.2	134.6	147.0	143.0	151.4	188.7	215.9
广东	100.0	93.9	108.7	96.6	95.8	110.7	110.0	151.7	112.1	114.3	117.1	129.7	141.8	149.1
广西	100.0	95.7	119.2	116.4	114.2	134.1	141.9	122.8	110.8	115.4	109.5	109.7	126.7	138.8
海南	100.0	102.3	94.2	102.9	119.4	116.1	119.5	123.1	126.8	139.6	128.2	135.9	139.3	153.8
重庆	100.0	102.4	104.2	109.5	112.3	126.7	133.7	147.5	161.2	141.6	137.7	143.1	152.0	160.7
四川	100.0	117.8	115.8	105.6	105.7	100.4	96.9	88.4	95.4	87.3	80.8	100.7	96.1	102.2
贵州	100.0	106.0	129.2	134.6	122.0	118.2	108.7	101.8	110.6	109.7	110.0	112.7	105.7	117.8
云南	100.0	96.8	107.1	107.3	114.3	118.3	119.1	120.9	122.8	124.9	126.7	133.7	142.0	154.8
陕西	100.0	91.8	110.1	87.8	90.2	96.4	119.0	131.9	114.5	116.2	107.0	115.5	114.2	116.1
甘肃	100.0	116.2	124.8	144.0	159.0	135.1	139.3	135.0	121.0	151.4	149.9	139.5	113.2	120.2
青海	100.0	100.8	85.3	80.9	86.1	92.6	91.0	84.1	92.7	85.8	77.1	85.5	78.1	87.4
宁夏	100.0	152.7	92.4	119.4	121.6	142.7	104.2	100.0	101.2	101.8	123.9	148.3	108.8	118.8

续表

地区	2003年	2004年	2005年	2006年	2007年	2008年	2009年	2010年	2011年	2012年	2013年	2014年	2015年	2016年
新疆	100.0	98.1	93.2	76.0	81.6	87.3	103.8	88.7	97.0	105.6	119.4	136.5	119.5	121.9
东部	100.0	101.3	115.2	111.6	115.0	122.8	122.4	125.4	125.6	129.2	124.4	134.2	134.9	145.9
中部	100.0	111.5	118.5	122.0	119.5	127.0	126.6	122.0	121.0	127.0	120.0	120.2	125.0	131.6
西部	100.0	109.4	108.2	110.6	112.5	117.5	117.4	114.6	116.2	115.8	116.8	124.9	117.4	126.2
东北	100.0	110.1	106.6	108.5	104.6	103.6	104.8	105.0	106.9	113.7	105.5	102.5	102.6	122.6

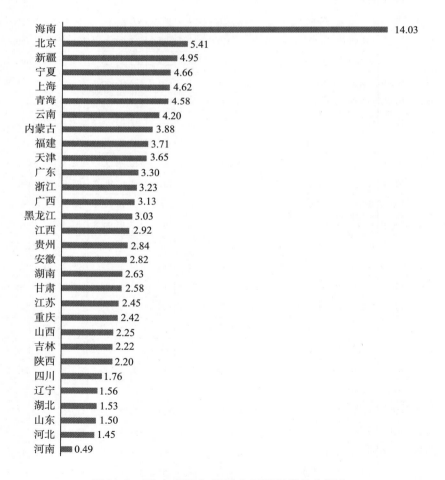

图 1 – 2   30 个省区市 2015 年环境质量综合评分

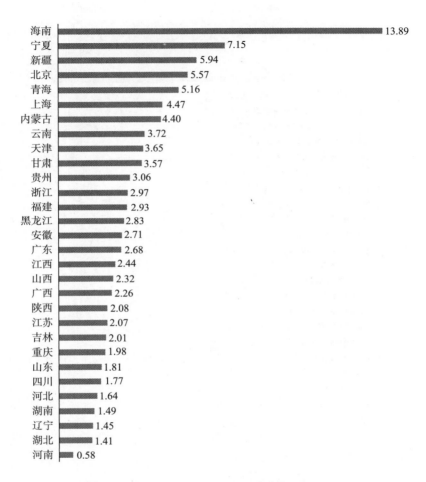

图 1 - 3　30 个省区市 2014 年环境质量综合评分

30 个省区市和地区环境质量指数（以 2003 年为基期）见图 1 - 6。从图 1 - 6 中可以看出，14 年来，湖南的环境质量指数改善最多，河南的环境质量指数改善最少。按 2016 年四个板块来说，14 年来，环境质量指数改善的顺序为：东部地区 > 中部地区 > 西部地区 > 东北地区，分别改善了 45.91%、31.62%、26.17% 和 22.61%。

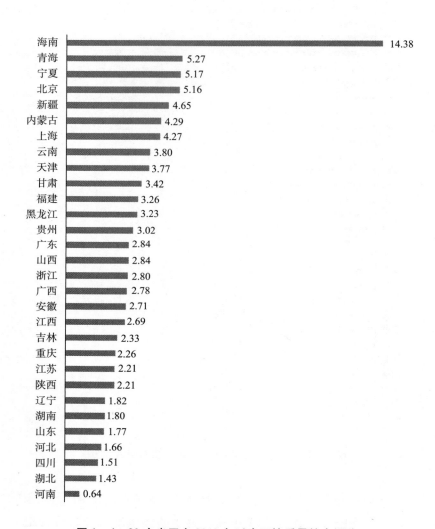

图 1－4　30 个省区市 2010 年以来环境质量综合评分

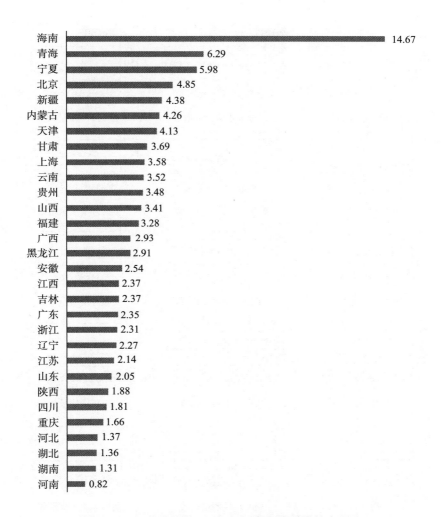

图 1-5　30 个省区市 2003 年以来环境质量综合评分

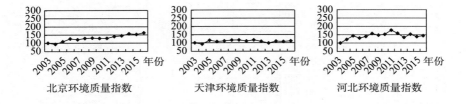

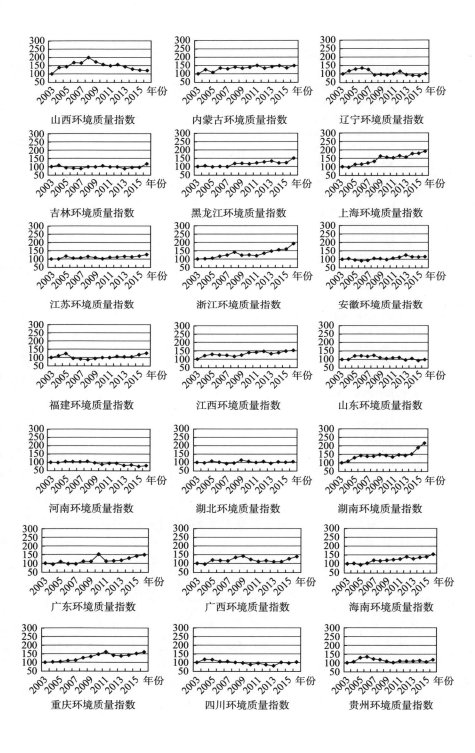

山西环境质量指数　　内蒙古环境质量指数　　辽宁环境质量指数

吉林环境质量指数　　黑龙江环境质量指数　　上海环境质量指数

江苏环境质量指数　　浙江环境质量指数　　安徽环境质量指数

福建环境质量指数　　江西环境质量指数　　山东环境质量指数

河南环境质量指数　　湖北环境质量指数　　湖南环境质量指数

广东环境质量指数　　广西环境质量指数　　海南环境质量指数

重庆环境质量指数　　四川环境质量指数　　贵州环境质量指数

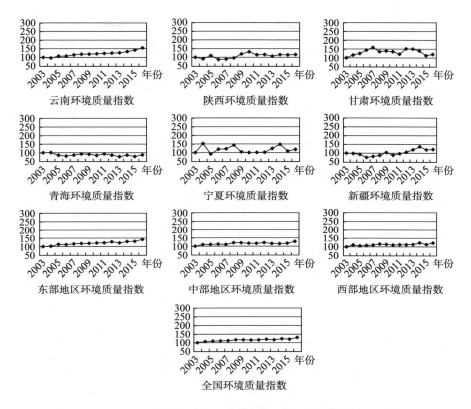

云南环境质量指数　　陕西环境质量指数　　甘肃环境质量指数

青海环境质量指数　　宁夏环境质量指数　　新疆环境质量指数

东部地区环境质量指数　中部地区环境质量指数　西部地区环境质量指数

全国环境质量指数

图 1-6　30 个省区市和地区 2003—2016 年环境质量指数

（以 2003 年为基期）

四　中国各省区市和地区评价方法比较

通过主成分分析法得出的各省区市和地区 2003—2016 年环境质量排名情况（全部指标平权）的表 1-9、二级指标平权的表 1-10，以及主成分与全部指标平权比较、主成分与二级指标平权指标、全部指标平权与二级指标平权比较得出的环境质量排名分别见表 1-11、表 1-14 和表 1-17，全部指标平权比较、二级指标平权比较、主成分与全部指标平权比较、主成分与二级指标平权比较和全部指标平权与二级指标平权误差值排名见表 1-12、表 1-13、表 1-15、表 1-16 和表 1-18。可以发现，主成分分析法得出的环境质量排名情况与全部指标平权和二级指标平权得出的环境质量排名除个别

表1-9　各省区市和地区2003—2016年环境质量排名情况（全部指标平权）

地区	序号	2003年	2004年	2005年	2006年	2007年	2008年	2009年	2010年	2011年	2012年	2013年	2014年	2015年	2016年	综合	2010年后
北京	1	4	5	3	3	3	3	3	3	3	3	3	3	3	3	3	3
天津	2	7	8	7	4	5	4	5	5	4	6	7	7	7	7	6	6
河北	3	30	30	29	29	29	28	29	29	29	29	29	29	29	29	29	29
山西	4	27	24	25	24	23	20	20	23	25	27	27	27	26	28	26	27
内蒙古	5	13	11	14	12	12	12	12	12	9	12	10	9	9	9	11	10
辽宁	6	19	15	15	16	13	24	24	26	23	23	25	26	27	26	22	26
吉林	7	10	10	16	18	20	18	19	15	15	18	19	18	19	14	15	17
黑龙江	8	15	16	18	15	19	14	11	13	12	11	12	11	10	8	13	12
上海	9	6	7	4	5	4	5	4	4	5	4	5	5	6	6	5	5
江苏	10	20	21	20	22	22	21	23	25	22	22	22	24	24	24	23	24
浙江	11	22	22	22	19	14	15	18	18	21	15	14	14	13	10	17	15
安徽	12	14	13	19	21	17	17	17	19	18	19	18	21	22	22	18	20
福建	13	5	6	5	7	10	8	7	6	7	8	11	10	8	11	7	8
江西	14	23	20	21	20	21	23	22	17	19	16	17	15	14	19	20	18
山东	15	25	26	23	23	24	22	27	28	28	28	28	28	28	27	27	28
河南	16	29	29	30	30	30	30	30	30	30	30	30	30	30	30	30	30
湖北	17	21	23	24	26	27	27	25	24	26	26	26	25	25	25	25	25

续表

地区	序号	2003年	2004年	2005年	2006年	2007年	2008年	2009年	2010年	2011年	2012年	2013年	2014年	2015年	2016年	综合	2010年后
湖南	18	26	27	26	25	26	26	26	27	27	24	23	23	21	18	24	22
广东	19	11	14	11	14	16	16	15	10	14	14	15	13	11	13	14	13
广西	20	18	19	17	13	18	13	14	16	17	17	16	19	15	15	16	16
海南	21	1	1	1	1	1	1	1	1	1	1	1	1	1	1	1	1
重庆	22	24	25	27	27	25	25	21	20	16	21	20	20	18	20	21	19
四川	23	17	18	12	17	15	19	16	22	20	20	21	17	20	21	19	21
贵州	24	12	17	9	10	11	10	13	14	13	13	13	16	16	16	12	14
云南	25	9	9	8	11	9	9	10	9	8	9	6	6	5	5	8	7
陕西	26	28	28	28	28	28	29	28	21	24	25	24	22	23	23	28	23
甘肃	27	16	12	10	9	7	11	8	8	10	7	9	12	17	17	10	11
青海	28	2	2	2	2	2	2	2	2	2	2	2	2	2	2	2	2
宁夏	29	8	3	13	8	8	6	9	11	11	10	8	8	12	12	9	9
新疆	30	3	4	6	6	6	7	6	7	6	5	4	4	4	4	4	4

地区	编号	2003年	2004年	2005年	2006年	2007年	2008年	2009年	2010年	2011年	2012年	2013年	2014年	2015年	2016年	综合	2010年后
东部	1	1	1	1	1	1	1	1	1	1	1	1	1	1	1	1	1
中部	2	4	4	4	4	4	4	4	4	4	4	4	4	4	4	4	4
西部	3	2	2	2	2	2	2	2	2	2	2	2	2	2	2	2	2
东北	4	3	3	3	3	3	3	3	3	3	3	3	3	3	3	3	3

表 1-10　各省区市和地区 2003—2016 年环境质量排名情况（二级指标平权）

地区	序号	2003年	2004年	2005年	2006年	2007年	2008年	2009年	2010年	2011年	2012年	2013年	2014年	2015年	2016年	综合	2010年后
北京	1	6	7	3	3	3	3	3	3	4	4	5	5	4	5	4	4
天津	2	8	9	8	4	6	7	7	7	6	10	14	12	12	14	7	9
河北	3	30	30	28	28	28	27	29	29	28	29	29	28	28	28	29	28
山西	4	25	24	24	23	18	12	13	19	24	22	23	27	25	27	23	25
内蒙古	5	18	12	19	15	16	16	14	16	7	13	8	9	9	8	12	10
辽宁	6	21	11	14	16	13	28	27	28	29	28	28	29	29	29	27	29
吉林	7	16	10	21	19	22	20	22	15	17	16	17	15	16	11	17	16
黑龙江	8	17	18	25	24	25	13	15	17	14	14	10	14	14	10	15	14
上海	9	13	13	9	11	10	10	5	8	9	9	12	8	11	13	9	8
江苏	10	15	21	13	17	17	19	20	24	21	20	20	23	22	22	21	22
浙江	11	20	23	22	10	8	6	9	9	8	7	7	7	6	4	8	7
安徽	12	19	22	23	25	21	15	17	20	18	17	16	18	19	19	20	17
福建	13	7	6	5	12	15	17	12	10	11	11	11	13	10	15	10	11
江西	14	24	19	18	18	20	23	19	13	13	12	13	10	8	9	14	12
山东	15	23	25	20	21	19	22	25	27	23	24	27	26	27	26	25	27
河南	16	29	29	30	29	30	30	30	30	30	30	30	30	30	30	30	30
湖北	17	10	14	16	20	24	25	21	21	27	23	24	25	26	25	22	26

续表

地区	序号	2003年	2004年	2005年	2006年	2007年	2008年	2009年	2010年	2011年	2012年	2013年	2014年	2015年	2016年	综合	2010年后
湖南	18	27	27	26	26	26	24	24	25	25	19	21	19	13	12	24	19
广东	19	14	20	15	22	23	21	23	12	22	21	19	17	17	17	19	18
广西	20	12	15	11	13	12	9	11	14	16	15	15	16	15	16	13	15
海南	21	1	1	1	1	1	1	1	1	1	1	1	1	1	1	1	1
重庆	22	26	26	27	27	27	26	26	23	19	25	22	22	20	20	26	21
四川	23	11	8	7	14	14	18	16	26	20	26	26	20	24	24	18	23
贵州	24	9	17	10	7	11	14	18	22	15	18	18	21	23	21	16	20
云南	25	4	5	6	5	4	5	6	4	5	5	4	6	5	7	5	5
陕西	26	28	28	29	30	29	29	28	18	26	27	25	24	21	23	28	24
甘肃	27	22	16	12	9	5	11	8	6	12	6	9	11	18	18	11	13
青海	28	2	2	2	2	2	2	2	2	2	2	2	2	2	2	2	2
宁夏	29	5	3	17	6	7	4	10	11	10	8	6	4	7	6	6	6
新疆	30	3	4	4	8	9	8	4	5	3	3	3	3	3	3	3	3

地区	编号	2003年	2004年	2005年	2006年	2007年	2008年	2009年	2010年	2011年	2012年	2013年	2014年	2015年	2016年	综合	2010年后
东部	1	1	1	1	1	1	1	1	1	1	1	1	1	1	1	1	1
中部	2	4	4	4	4	4	4	4	4	4	4	4	4	4	4	4	4
西部	3	2	2	2	2	2	2	2	2	2	2	2	2	2	2	2	2
东北	4	3	3	3	3	3	3	3	3	3	3	3	3	3	3	3	3

表 1—11 各省区市和地区 2003—2016 年环境质量排名比较（主成分与全部指标平权比较）

序号	地区	2003年	2004年	2005年	2006年	2007年	2008年	2009年	2010年	2011年	2012年	2013年	2014年	2015年	2016年	综合	2010年后
1	北京	-3	-9	-6	-2	-3	-2	-1	0	-1	0	0	-1	1	1	-1	-1
2	天津	2	-1	4	-5	0	-3	0	-1	-2	-3	-5	-2	-3	-5	-1	-3
3	河北	1	2	3	1	4	6	1	5	11	3	2	3	0	0	2	2
4	山西	3	16	14	18	16	16	14	14	15	17	12	9	4	4	14	12
5	内蒙古	2	6	1	4	4	6	3	7	6	4	4	2	4	1	5	4
6	辽宁	3	4	7	6	3	-1	-1	0	-2	5	1	-2	1	1	1	2
7	吉林	1	0	-4	-2	-3	0	1	-2	-5	-2	-4	-4	-4	-3	-3	-3
8	黑龙江	2	0	-6	-4	-1	1	-3	-3	0	-1	2	-3	-4	-2	-2	0
9	上海	-16	-15	-15	-11	-11	-9	-4	-3	-2	-3	-3	-1	1	0	-4	-2
10	江苏	1	1	3	1	1	2	2	0	-1	-1	3	3	4	3	1	2
11	浙江	-5	-5	-6	-4	-5	-1	-5	-4	-5	-4	-2	2	1	1	-3	-1
12	安徽	2	-2	-3	-1	-5	0	1	-2	1	3	7	6	5	3	2	2
13	福建	-1	0	1	-7	-6	-12	-8	-9	-7	-5	-2	-3	-1	0	-6	-3
14	江西	-3	2	3	2	3	-1	2	-2	3	1	-1	-2	-1	1	3	-1
15	山东	7	5	8	10	10	7	8	5	4	4	4	4	0	0	4	2
16	河南	4	3	3	4	4	3	0	0	0	0	0	0	0	0	0	0
17	湖北	-2	-1	-1	1	-2	-2	1	-3	-2	-1	-2	-4	-2	-3	-3	-4

续表

地区	序号	2003年	2004年	2005年	2006年	2007年	2008年	2009年	2010年	2011年	2012年	2013年	2014年	2015年	2016年	综合	2010年后
湖南	18	-4	-3	-3	-2	-1	-4	-3	-1	-2	-4	-3	-4	3	2	-5	-3
广东	19	-9	-9	-12	-10	-8	-5	-7	2	-8	-8	-5	-3	0	-1	-5	-1
广西	20	3	0	5	2	5	4	4	3	-2	0	-1	0	2	2	2	-1
海南	21	0	0	0	0	0	0	0	0	0	0	0	0	0	0	0	0
重庆	22	-4	-4	-3	-3	-5	-1	-5	0	1	-4	-1	-3	-3	-2	-5	-2
四川	23	0	5	-4	0	-2	-4	-11	-7	-7	-9	-8	-8	-5	-5	-6	-7
贵州	24	4	10	4	6	2	0	0	-4	2	-1	-1	5	0	1	1	1
云南	25	-1	-8	-6	-1	-2	-2	-2	-2	-1	-2	-3	-2	-2	-2	-2	-1
陕西	26	7	3	7	-1	0	1	11	7	3	4	2	2	-1	0	4	0
甘肃	27	2	0	0	2	3	3	-3	-2	-3	2	2	2	-2	-3	2	1
青海	28	0	-1	0	-1	-1	-1	0	0	0	0	-3	-3	-4	-1	0	0
宁夏	29	5	1	7	6	6	4	6	7	6	6	6	6	8	8	6	6
新疆	30	-1	0	-1	-9	-6	-5	-1	-5	-2	-1	1	1	-1	-1	-1	-1

地区	序号	2003年	2004年	2005年	2006年	2007年	2008年	2009年	2010年	2011年	2012年	2013年	2014年	2015年	2016年	综合	2010年后
东部	1	-1	-1	0	0	0	0	0	0	0	0	0	0	0	0	0	0
中部	2	0	0	0	0	0	0	0	0	0	0	0	0	0	0	0	0
西部	3	1	1	0	0	0	0	0	0	0	0	0	0	0	0	0	0
东北	4	0	0	0	0	0	0	0	0	0	0	0	0	0	0	0	0

省区市有一定的差别外，其他省区市差别较小。同时可以看出，按照东部地区、中部地区、西部地区和东北地区划分的环境质量排名基本无差别。

表1－12　　各省区市2003—2016年环境质量误差值排名
（全部指标平权比较）

地区	编号	误差值	排名	地区	编号	误差值	排名	地区	编号	误差值	排名
北京	1	2.00	24	浙江	11	3.38	9	海南	21	0.00	30
天津	2	2.50	17	安徽	12	2.81	14	重庆	22	2.88	13
河北	3	2.88	12	福建	13	4.44	7	四川	23	5.50	5
山西	4	12.38	1	江西	14	1.94	26	贵州	24	2.63	15
内蒙古	5	3.75	8	山东	15	5.06	6	云南	25	2.44	19
辽宁	6	2.50	18	河南	16	1.31	28	陕西	26	3.31	10
吉林	7	2.56	16	湖北	17	2.13	23	甘肃	27	2.00	25
黑龙江	8	2.13	22	湖南	18	2.94	11	青海	28	0.94	29
上海	9	6.25	2	广东	19	5.81	4	宁夏	29	5.88	3
江苏	10	1.81	27	广西	20	2.25	20	新疆	30	2.25	21

表1－13　　各省区市2003—2016年环境质量排名误差值排名
（二级指标平权比较）

排名	地区	误差值	排名	地区	误差值	排名	地区	误差值
1	山西	12.38	11	湖南	2.94	21	新疆	2.25
2	上海	6.25	12	河北	2.88	22	黑龙江	2.13
4	广东	5.81	14	安徽	2.81	24	北京	2.00
5	四川	5.50	15	贵州	2.63	25	甘肃	2.00
6	山东	5.06	16	吉林	2.56	26	江西	1.94
7	福建	4.44	17	天津	2.50	27	江苏	1.81
8	内蒙古	3.75	18	辽宁	2.50	28	河南	1.31
9	浙江	3.38	19	云南	2.44	29	青海	0.94
10	陕西	3.31	20	广西	2.25	30	海南	0.00

表1-14　各省区市和地区2003—2016年环境质量排名比较（主成分与二级指标平权比较）

地区	序号	2003年	2004年	2005年	2006年	2007年	2008年	2009年	2010年	2011年	2012年	2013年	2014年	2015年	2016年	综合年	2010年后
北京	1	-1	-7	-6	-2	-3	-2	-1	0	0	1	2	1	2	3	0	0
天津	2	3	0	5	-5	1	0	2	1	0	1	2	3	2	2	0	0
河北	3	1	2	2	0	3	5	1	5	10	3	2	2	-1	-1	2	1
山西	4	1	16	13	17	11	8	7	10	14	12	8	9	3	3	11	10
内蒙古	5	7	7	6	7	8	10	5	11	4	5	2	2	1	0	6	4
辽宁	6	5	0	6	6	3	3	2	2	4	10	4	1	3	4	6	5
吉林	7	7	0	1	-1	-1	2	4	-2	-3	-4	-6	-7	-7	-6	-1	-4
黑龙江	8	4	2	1	5	5	0	1	1	2	2	0	0	0	0	0	2
上海	9	-9	-9	-10	-5	-5	-4	-3	1	2	2	4	2	6	7	0	1
江苏	10	-4	1	-4	-4	-4	0	-1	-1	-2	-3	1	2	2	1	-1	0
浙江	11	-7	-4	-6	-13	-11	-10	-14	-13	-18	-12	-9	-5	-6	-5	-12	-9
安徽	12	7	7	1	3	-1	-2	1	-1	1	1	5	3	2	0	4	-1
福建	13	1	0	1	-2	-1	-3	-3	-5	-3	-2	-2	0	1	4	-3	0
江西	14	-2	1	0	0	2	-1	-1	-6	-3	-3	-5	-7	-7	-9	-3	-7
山东	15	5	4	5	8	5	7	6	4	-1	0	2	2	-1	-1	2	1
河南	16	4	3	3	3	4	3	0	0	0	0	0	0	0	0	0	0
湖北	17	-13	-10	-9	-5	-5	-4	-3	-6	-1	-4	-4	-4	-1	-3	-6	-3

续表

地区	序号	2003年	2004年	2005年	2006年	2007年	2008年	2009年	2010年	2011年	2012年	2013年	2014年	2015年	2016年	综合	2010年后
湖南	18	-3	-3	-3	-1	-1	-6	-5	-3	-4	-9	-5	-8	-5	-4	-5	-6
广东	19	-6	-3	-8	-2	-1	0	1	4	0	-1	-1	1	6	3	0	4
广西	20	-3	-4	-1	2	-1	0	1	1	-3	-2	-2	-3	2	3	-1	-2
海南	21	0	0	0	0	0	0	0	0	0	0	0	0	0	0	0	0
重庆	22	-2	-3	-3	-3	-3	0	0	3	4	0	1	-1	-1	-2	0	0
四川	23	-6	-5	-9	-3	-3	-5	-11	-3	-7	-3	-3	-5	-1	-2	-7	-5
贵州	24	1	10	5	3	2	4	5	4	4	4	4	10	7	6	5	7
云南	25	-6	-12	-8	-7	-7	-6	-6	-7	-4	-6	-5	-2	-2	0	-5	-3
陕西	26	7	3	8	1	1	1	11	4	5	6	3	4	-3	0	4	1
甘肃	27	8	4	2	2	1	3	-3	-4	-1	1	2	1	-1	-2	3	3
青海	28	0	-1	0	-1	-1	-1	0	0	0	0	-3	-3	-4	-1	0	0
宁夏	29	2	1	11	4	5	2	7	7	5	4	4	2	3	2	3	3
新疆	30	-1	0	-3	-7	-3	-4	-3	-7	-5	-3	-1	0	0	-2	-2	-2

地区	序号	2003年	2004年	2005年	2006年	2007年	2008年	2009年	2010年	2011年	2012年	2013年	2014年	2015年	2016年	综合	2010年后
东部	1	-1	-1	0	0	0	0	0	0	0	0	0	0	0	0	0	0
中部	2	0	0	0	0	0	0	0	0	0	0	0	0	0	0	0	0
西部	3	1	1	0	0	0	0	0	0	0	0	0	0	0	0	0	0
东北	4	0	0	0	0	0	0	0	0	0	0	0	0	0	0	0	0

表 1-15　　　各省区市 2003—2016 年环境质量误差值排名

（主成分与全部指标平权比较）

地区	编号	误差值	排名	地区	编号	误差值	排名	地区	编号	误差值	排名
北京	1	1.94	21	浙江	11	9.63	1	海南	21	0.00	30
天津	2	1.69	25	安徽	12	2.50	20	重庆	22	1.63	26
河北	3	2.56	17	福建	13	1.94	23	四川	23	4.88	7
山西	4	9.56	2	江西	14	3.56	13	贵州	24	5.06	6
内蒙古	5	5.31	4	山东	15	3.38	15	云南	25	5.38	3
辽宁	6	4.00	11	河南	16	1.25	28	陕西	26	3.88	12
吉林	7	3.50	14	湖北	17	5.06	5	甘肃	27	2.56	19
黑龙江	8	1.56	27	湖南	18	4.44	8	青海	28	0.94	29
上海	9	4.38	9	广东	19	2.56	18	宁夏	29	4.06	10
江苏	10	1.94	22	广西	20	1.94	24	新疆	30	2.69	16

表 1-16　　　各省区市 2003—2016 年环境质量排名误差值排名

（主成分与二级指标平权比较）

排名	地区	误差值	排名	地区	误差值	排名	地区	误差值
1	浙江	9.63	11	辽宁	4.00	21	北京	1.94
2	山西	9.56	12	陕西	3.88	22	江苏	1.94
4	内蒙古	5.31	14	吉林	3.50	24	广西	1.94
5	湖北	5.06	15	山东	3.38	25	天津	1.69
6	贵州	5.06	16	新疆	2.69	26	重庆	1.63
7	四川	4.88	17	河北	2.56	27	黑龙江	1.56
8	湖南	4.44	18	广东	2.56	28	河南	1.25
9	上海	4.38	19	甘肃	2.56	29	青海	0.94
10	宁夏	4.06	20	安徽	2.50	30	海南	0.00

表1-17 各省区市和地区2003—2016年环境质量排名比较（全部指标平权与二级指标平权比较）

序号	地区	2003年	2004年	2005年	2006年	2007年	2008年	2009年	2010年	2011年	2012年	2013年	2014年	2015年	2016年	综合	2010年后
1	北京	2	2	0	0	0	0	0	0	1	1	2	2	1	2	1	1
2	天津	1	1	1	0	1	3	2	2	2	4	7	5	5	7	1	3
3	河北	0	0	-1	-1	-1	-1	0	0	-1	0	0	-1	-1	-1	0	-1
4	山西	-2	0	-1	-1	-5	-8	-7	-4	-1	-5	-4	0	-1	-1	-3	-2
5	内蒙古	5	1	5	3	4	4	2	4	-2	1	-2	0	0	-1	1	0
6	辽宁	2	-4	-1	0	0	4	3	2	6	5	3	3	2	3	5	3
7	吉林	6	0	5	1	2	2	3	0	2	-2	-2	-3	-3	-3	2	-1
8	黑龙江	2	2	7	9	6	-1	4	4	2	3	-2	3	4	2	2	2
9	上海	7	6	5	6	6	5	1	4	4	5	7	3	5	7	4	3
10	江苏	-5	0	-7	-5	-5	-2	-3	-1	-1	-2	-2	-1	-2	-2	-2	-2
11	浙江	-2	1	0	-9	-6	-9	-9	-9	-13	-8	-7	-7	-7	-6	-9	-8
12	安徽	5	9	4	4	4	-2	0	1	0	-2	-2	-3	-3	-3	2	-3
13	福建	2	0	0	5	5	9	5	4	4	3	0	3	2	4	3	3
14	江西	1	-1	-3	-2	-1	0	-3	-4	-6	-4	-4	-5	-6	-10	-6	-6
15	山东	-2	-1	-3	-2	-5	0	-2	-1	-5	-4	-1	-2	-1	-1	-2	-1
16	河南	0	0	0	-1	0	0	0	0	0	0	0	0	0	0	0	0
17	湖北	-11	-9	-8	-6	-3	-2	-4	-3	1	-3	-2	0	1	0	-3	1

续表

地区	序号	2003年	2004年	2005年	2006年	2007年	2008年	2009年	2010年	2011年	2012年	2013年	2014年	2015年	2016年	综合	2010年后
湖南	18	1	0	0	1	0	-2	-2	-2	-2	-5	-2	-4	-8	-6	0	-3
广东	19	3	6	4	8	7	5	8	2	8	7	4	4	6	4	5	5
广西	20	-6	-4	-6	0	-6	-4	-3	-2	-1	-2	-1	-3	0	1	-3	-1
海南	21	0	0	0	0	0	0	0	0	0	0	0	0	0	0	0	0
重庆	22	2	1	0	0	2	1	5	3	3	4	2	2	2	0	5	2
四川	23	-6	-10	-5	-3	-1	-1	0	4	0	6	5	3	4	3	-1	2
贵州	24	-3	0	1	-3	0	4	5	8	2	5	5	5	7	5	4	6
云南	25	-5	-4	-2	-6	-5	-4	-4	-5	-3	-4	-2	0	0	2	-3	-2
陕西	26	0	0	1	2	1	0	0	-3	2	2	1	2	-2	0	0	1
甘肃	27	6	4	2	0	-2	0	0	-2	2	-1	0	-1	1	1	1	2
青海	28	0	0	0	0	0	0	0	0	0	0	0	0	0	0	0	0
宁夏	29	-3	0	4	-2	-1	-2	1	0	-1	-2	-2	-4	-5	-6	-3	-3
新疆	30	0	0	-2	2	3	1	-2	-2	-3	-2	-1	-1	-1	-1	-1	-1

地区	序号	2003年	2004年	2005年	2006年	2007年	2008年	2009年	2010年	2011年	2012年	2013年	2014年	2015年	2016年	综合	2010年后
东部	1	0	0	0	0	0	0	0	0	0	0	0	0	0	0	0	0
中部	2	0	0	0	0	0	0	0	0	0	0	0	0	0	0	0	0
西部	3	0	0	0	0	0	0	0	0	0	0	0	0	0	0	0	0
东北	4	0	0	0	0	0	0	0	0	0	0	0	0	0	0	0	0

表 1-18　　各省区市 2003—2016 年环境质量排名误差值排名
（全部指标平权与二级指标平权比较）

排名	地区	误差值	排名	地区	误差值	排名	地区	误差值
1	浙江	6.88	11	安徽	2.94	21	重庆	2.13
2	广东	5.38	12	辽宁	2.88	22	山东	2.06
4	贵州	3.94	14	山西	2.81	24	新疆	1.44
5	江西	3.88	15	广西	2.69	25	陕西	1.06
6	湖北	3.56	16	江苏	2.63	26	北京	0.94
7	黑龙江	3.44	17	宁夏	2.44	27	河北	0.56
8	四川	3.38	18	湖南	2.38	28	河南	0.06
9	福建	3.25	19	吉林	2.31	29	海南	0.00
10	云南	3.19	20	内蒙古	2.19	30	青海	0.00

第二节　中国各省区市"十三五"中期
环境质量增长指数及排名

　　和"十二五"时期相比，"十三五"时期环境质量指数有11个省区市排名上升：上升了11名的省区市有1个，湖南省从第27名上升到第16名；上升了8名的省区市有1个，浙江省从第17名上升到第9名；上升了5名的省区市有3个，吉林省从第22名上升到第17名，广东省从第19名上升到第14名，广西壮族自治区从第18名上升到第13名；上升了4名的省区市有1个，四川省从第28名上升到第24名；上升了2名的省区市有4个，上海市从第7名上升到第5名，北京市从第4名上升到第2名，云南省从第9名上升到第7名，黑龙江省从第12名上升到第10名；上升了1名的省区市有1个，湖北省从第29名上升到第28名。共有14个省区市排名下降：下降了11名的省区市有1个，山西省从第14名下降到第25名；下降了10名的省区市有1个，甘肃省从第10名下降到第20名；下降了4名的省区市有2个，天津市从第8名下降到第12名，安徽省从第15名下降到第19

名；下降了 3 名的省区市有 1 个，河北省从第 26 名下降到第 29 名；下降了 2 名的省区市有 6 个，山东省从第 25 名下降到第 27 名，辽宁省从第 24 名下降到第 26 名，贵州省从第 13 名下降到第 15 名，江西省从第 16 名下降到第 18 名，宁夏回族自治区从第 2 名下降到第 4 名，内蒙古自治区从第 6 名下降到第 8 名；下降了 1 名的省区市有 3 个，重庆市从第 21 名下降到第 22 名，江苏省从第 20 名下降到第 21 名，新疆维吾尔自治区从第 5 名下降到第 6 名。共有 5 个省区市排名不变，见表 1 - 19 和表 1 - 20。

表 1 - 19　　各省区市"十三五"时期环境质量排名变化情况

环境质量	省区市
排名上升（11 个）	湖南省（+11）、浙江省（+8）、吉林省（+5）、广东省（+5）、广西壮族自治区（+5）、四川省（+4）、上海市（+2）、北京市（+2）、云南省（+2）、黑龙江省（+2）、湖北省（+1）
排名不变（5 个）	福建省、河南省、青海省、海南省、陕西省
排名下降（14 个）	新疆维吾尔自治区（-1）、江苏省（-1）、重庆市（-1）、内蒙古自治区（-2）、宁夏回族自治区（-2）、江西省（-2）、贵州省（-2）、辽宁省（-2）、山东省（-2）、河北省（-3）、安徽省（-4）、天津市（-4）、甘肃省（-10）、山西省（-11）

表 1 - 20　　　各省区市"十三五"时期环境质量排名变化

地区	"十三五"时期	"十二五"时期	变化	地区	"十三五"时期	"十二五"时期	变化	地区	"十三五"时期	"十二五"时期	变化
北京	2	4	2	浙江	9	17	8	海南	1	1	0
天津	12	8	-4	安徽	19	15	-4	重庆	22	21	-1
河北	29	26	-3	福建	11	11	0	四川	24	28	4
山西	25	14	-11	江西	18	16	-2	贵州	15	13	-2
内蒙古	8	6	-2	山东	27	25	-2	云南	7	9	2
辽宁	26	24	-2	河南	30	30	0	陕西	23	23	0
吉林	17	22	5	湖北	28	29	1	甘肃	20	10	-10
黑龙江	10	12	2	湖南	16	27	11	青海	3	3	0
上海	5	7	2	广东	14	19	5	宁夏	4	2	-2
江苏	21	20	-1	广西	13	18	5	新疆	6	5	-1

"八五"时期至"十三五"时期平均环境质量指数见表1-21。

表1-21 "八五"时期至"十三五"时期平均环境质量指数

地区	"八五"时期	"九五"时期	"十五"时期	"十一五"时期	"十二五"时期	"十三五"时期	地区	"八五"时期	"九五"时期	"十五"时期	"十一五"时期	"十二五"时期	"十三五"时期
北京	101.1	107.3	106.9	103.7	103.6	104.7	河南	101.1	101.3	100.1	96.6	97.5	103.1
天津	99.8	106.2	104.3	99.2	99.8	103.3	湖北	101.1	103.6	103.2	100.1	99.4	104.0
河北	102.5	100.7	108.3	101.6	99.0	103.3	湖南	100.4	104.8	102.5	102.1	106.2	112.4
山西	100.8	109.2	104.6	102.8	95.2	98.4	广东	101.9	104.9	104.9	108.2	99.7	107.1
内蒙古	101.6	105.5	99.6	105.6	99.8	105.5	广西	101.8	103.8	99.4	101.1	101.0	108.5
辽宁	102.5	99.8	105.8	94.5	99.7	106.8	海南	96.4	100.7	99.0	105.7	102.7	109.2
吉林	100.4	110.4	91.3	102.6	98.3	115.7	重庆	100.6	103.0	97.6	107.3	100.9	104.9
黑龙江	99.9	103.7	96.5	103.8	101.3	113.0	四川	100.9	105.5	102.3	94.3	102.4	106.7
上海	100.9	104.4	101.6	99.2	103.1	109.1	贵州	101.4	101.7	107.3	95.5	100.9	109.1
江苏	100.5	98.5	104.9	97.4	103.1	104.5	云南	100.1	105.9	100.1	102.5	103.3	107.8
浙江	100.8	106.0	97.1	103.8	105.2	112.6	陕西	100.1	103.8	101.5	104.7	97.4	103.2
安徽	100.5	102.3	98.9	100.7	103.2	100.5	甘肃	101.4	107.5	101.2	102.2	97.6	102.8
福建	99.7	101.4	105.8	96.5	103.5	106.2	青海	99.1	102.5	97.9	99.9	99.0	107.5
江西	101.0	102.9	104.1	101.8	101.4	104.2	宁夏	100.7	103.5	99.5	103.5	103.3	104.4
山东	100.8	103.3	104.3	97.4	98.0	104.8	新疆	99.6	101.5	99.2	100.1	106.6	101.1

第三节 中国各省区市环境质量分级情况

一 中国各省区市环境质量分级

2016年、2010年以来、2003年以来、2015年、2014年、2013年、2012年、2011年和2010年30个省区市环境质量分级情况见表1-22至表1-30。

二　2016 年各省区市环境质量分级

将 2016 年各省区市环境质量综合得分按权重比 3、3、2、1、1 分为五级，第 I 级为海南省、北京市、青海省、宁夏回族自治区，4 个省区市权重之和约占总权重的 30%。和 2015 年相比，2016 年环境质量等级青海省从 II 级上升到 I 级，上升了 1 级。第 II 级为新疆维吾尔自治区、上海市、云南省、内蒙古自治区、浙江省、黑龙江省、福建省，7 个省区市权重之和约占总权重的 30%。和 2015 年相比，2016 年环境质量等级新疆维吾尔自治区从 I 级下降到 II 级，下降了 1 级；浙江省从 III 级上升到 II 级，上升了 1 级；黑龙江省从 III 级上升到 II 级，上升了 1 级。第 III 级为天津市、广西壮族自治区、广东省、贵州省、湖南省、吉林省、江西省，7 个省区市权重之和约占总权重的 20%。和 2015 年相比，2016 年环境质量等级天津市从 II 级下降到 III 级，下降了 1 级；广东省从 II 级下降到 III 级，下降了 1 级；吉林省从 IV 级上升到 III 级，上升了 1 级。第 IV 级为安徽省、甘肃省、江苏省、重庆市、陕西省，5 个省区市权重之和约占总权重的 10%。和 2015 年相比，2016 年环境质量等级安徽省从 III 级下降到 IV 级，下降了 1 级；陕西省从 V 级上升到 IV 级，上升了 1 级。第 V 级为山西省、辽宁省、四川省、山东省、湖北省、河北省、河南省（见表 1－22），7 个省区市权重之和约占总权重的 10%。和 2015 年相比，2016 年环境质量等级山西省从 IV 级下降到 V 级，下降了 1 级。

表 1－22　　　　　　　30 个省区市 2016 年环境质量等级划分

环境质量	省区市
I 级（4 个）	海南省、北京市、青海省、宁夏回族自治区
II 级（7 个）	新疆维吾尔自治区、上海市、云南省、内蒙古自治区、浙江省、黑龙江省、福建省
III 级（7 个）	天津市、广西壮族自治区、广东省、贵州省、湖南省、吉林省、江西省
IV 级（5 个）	安徽省、甘肃省、江苏省、重庆市、陕西省
V 级（7 个）	山西省、辽宁省、四川省、山东省、湖北省、河北省、河南省

三 2010 年以来各省区市环境质量分级

将 2003—2016 年各省区市环境质量综合得分按权重比 3、3、2、1、1 分为五级，第 Ⅰ 级为海南省、青海省、宁夏回族自治区、北京市，4 个省区市权重之和约占总权重的 30%。第 Ⅱ 级为新疆维吾尔自治区、内蒙古自治区、上海市、云南省、天津市、甘肃省、福建省、黑龙江省，8 个省区市权重之和约占总权重的 30%。和 2003—2016 年相比，2003—2016 年环境质量等级情况是：福建省从 Ⅲ 级上升到 Ⅱ 级，上升了 1 级；黑龙江省从 Ⅲ 级上升到 Ⅱ 级，上升了 1 级。第 Ⅲ 级为贵州省、广东省、山西省、浙江省、广西壮族自治区、安徽省、江西省，7 个省区市权重之和约占总权重的 20%。和 2003—2016 年相比，2003—2016 年环境质量等级情况是：贵州省从 Ⅱ 级下降到 Ⅲ 级，下降了 1 级；山西省从 Ⅱ 级下降到 Ⅲ 级，下降了 1 级；浙江省从 Ⅳ 级上升到 Ⅲ 级，上升了 1 级。第 Ⅳ 级为吉林省、重庆市、江苏省、陕西省、辽宁省，5 个省区市权重之和约占总权重的 10%。和 2003—2016 年相比，2003—2016 年环境质量等级情况是：吉林省从 Ⅲ 级下降到 Ⅳ 级，下降了 1 级；重庆市从 Ⅴ 级上升到 Ⅳ 级，上升了 1 级。第 Ⅴ 级为湖南省、山东省、河北省、四川省、湖北省、河南省（见表 1－23），6 个省区市权重之和约占总权重的 10%。和 2003—2016 年相比，2003—2016 年环境质量等级情况是：山东省从 Ⅳ 级下降到 Ⅴ 级，下降了 1 级。

表 1－23　　　　　30 个省区市 2010 年以来环境质量等级划分

环境质量	省区市
Ⅰ 级（4 个）	海南省、青海省、宁夏回族自治区、北京市
Ⅱ 级（8 个）	新疆维吾尔自治区、内蒙古自治区、上海市、云南省、天津市、甘肃省、福建省、黑龙江省
Ⅲ 级（7 个）	贵州省、广东省、山西省、浙江省、广西壮族自治区、安徽省、江西省
Ⅳ 级（5 个）	吉林省、重庆市、江苏省、陕西省、辽宁省
Ⅴ 级（6 个）	湖南省、山东省、河北省、四川省、湖北省、河南省

四 2003 年以来各省区市环境质量分级

将 2003—2016 年各省区市环境质量综合得分按权重比 3、3、2、1、1 分为五级，第 Ⅰ 级为海南省、青海省、宁夏回族自治区、北京市，4 个省区市权重之和约占总权重的 30%。第 Ⅱ 级为新疆维吾尔自治区、内蒙古自治区、天津市、甘肃省、上海市、云南省、贵州省、山西省，8 个省区市权重之和约占总权重的 30%。第 Ⅲ 级为福建省、广西壮族自治区、黑龙江省、安徽省、江西省、吉林省、广东省，7 个省区市权重之和约占总权重的 20%。第 Ⅳ 级为浙江省、辽宁省、江苏省、山东省、陕西省，5 个省区市权重之和约占总权重的 10%。第 Ⅴ 级为四川省、重庆市、河北省、湖北省、湖南省、河南省，6 个省区市权重之和约占总权重的 10%（见表 1 – 24）。

表 1 – 24　　　　30 个省区市 2003 年以来环境质量等级划分

环境质量	省区市
Ⅰ级（4个）	海南省、青海省、宁夏回族自治区、北京市
Ⅱ级（8个）	新疆维吾尔自治区、内蒙古自治区、天津市、甘肃省、上海市、云南省、贵州省、山西省
Ⅲ级（7个）	福建省、广西壮族自治区、黑龙江省、安徽省、江西省、吉林省、广东省
Ⅳ级（5个）	浙江省、辽宁省、江苏省、山东省、陕西省
Ⅴ级（6个）	四川省、重庆市、河北省、湖北省、湖南省、河南省

五 2015 年各省区市环境质量分级

将 2015 年各省区市环境质量综合得分按权重比 3、3、2、1、1 分为五级，第 Ⅰ 级为海南省、北京市、新疆维吾尔自治区、宁夏回族自治区，4 个省区市权重之和约占总权重的 30%。第 Ⅱ 级为上海市、青海省、云南省、内蒙古自治区、福建省、天津市、广东省，7 个省区市权重之和约占总权重的 30%。和 2014 年相比，2015 年环境质量等级情况是：福建省从Ⅲ级上升到Ⅱ级，上升了 1 级；广东省从Ⅲ级上升到Ⅱ级，上升了 1 级。第 Ⅲ 级为浙江省、广西壮族自治区、黑龙江省、江西省、贵州省、安徽省、湖南省，7个省区市权重之和约占总权重的20%。和2014年相比，2015年环境质量等级情况是：广西壮族自治区从Ⅳ级上升到Ⅲ级，上升了1级；贵州省从Ⅱ级下降到Ⅲ级，下降了1级；湖南省从Ⅴ级上升到Ⅲ级，上升了2级。第Ⅳ级为甘肃省、江苏省、重庆市、山西省、吉林省，5个省区市权重之和约占总权重的10%。和2014年相比，2015年环境质量等级情况是：甘肃省从Ⅱ级下降到Ⅳ级，下降了2级；山西省从Ⅲ级下降到Ⅳ级，下降了1级。第Ⅴ级为陕西省、四川省、辽宁省、湖北省、山东省、河北省、河南省（见表1-25），7个省区市权重之和约占总权重的10%。和2014年相比，2015环境质量等级情况是：陕西省从Ⅳ级下降到Ⅴ级，下降了1级。

表1-25　　　　　　　　30个省区市2015年环境质量等级划分

环境质量	省区市
Ⅰ级（4个）	海南省、北京市、新疆维吾尔自治区、宁夏回族自治区
Ⅱ级（7个）	上海市、青海省、云南省、内蒙古自治区、福建省、天津市、广东省
Ⅲ级（7个）	浙江省、广西壮族自治区、黑龙江省、江西省、贵州省、安徽省、湖南省
Ⅳ级（5个）	甘肃省、江苏省、重庆市、山西省、吉林省
Ⅴ级（7个）	陕西省、四川省、辽宁省、湖北省、山东省、河北省、河南省

六　2014年各省区市环境质量分级

将2014年各省区市环境质量综合得分按权重比3、3、2、1、1分为五级，第Ⅰ级为海南省、宁夏回族自治区、新疆维吾尔自治区、北京市，4个省区市权重之和约占总权重的30%。第Ⅱ级为青海省、上海市、内蒙古自治区、云南省、天津市、甘肃省、贵州省，7个省区市权重之和约占总权重的30%。和2013年相比，2014年环境质量等级情况是：天津市从Ⅲ级上升到Ⅱ级，上升了1级；贵州省从Ⅲ级上升到Ⅱ级，上升了1级。第Ⅲ级为浙江省、福建省、黑龙江省、安徽省、广东省、江西省、山西省，7个省区市权重之和约占总权重的

20%。和 2013 年相比，2014 年环境质量等级情况是：黑龙江省从 II 级下降到 III 级，下降了 1 级；安徽省从 II 级下降到 III 级，下降了 1 级；广东省从 IV 级上升到 III 级，上升了 1 级。第 IV 级为广西壮族自治区、陕西省、江苏省、吉林省、重庆市，5 个省区市权重之和约占总权重的 10%。和 2013 年相比，2014 年环境质量等级情况是：广西壮族自治区从 III 级下降到 IV 级，下降了 1 级。第 V 级为山东省、四川省、河北省、湖南省、辽宁省、湖北省、河南省（见表 1 - 26），7 个省区市权重之和约占总权重的 10%。

表 1 - 26　　　　　　30 个省区市 2014 年环境质量等级划分

环境质量	省区市
I 级（4 个）	海南省、宁夏回族自治区、新疆维吾尔自治区、北京市
II 级（7 个）	青海省、上海市、内蒙古自治区、云南省、天津市、甘肃省、贵州省
III 级（7 个）	浙江省、福建省、黑龙江省、安徽省、广东省、江西省、山西省
IV 级（5 个）	广西壮族自治区、陕西省、江苏省、吉林省、重庆市
V 级（7 个）	山东省、四川省、河北省、湖南省、辽宁省、湖北省、河南省

七　2013 年各省区市环境质量分级

将 2013 年各省区市环境质量综合得分按权重比 3、3、2、1、1 分为五级，第 I 级为海南省、宁夏回族自治区、北京市、新疆维吾尔自治区，4 个省区市权重之和约占总权重的 30%。和 2012 年相比，2013 年环境质量等级情况是：宁夏回族自治区从 II 级上升到 I 级，上升了 1 级；新疆维吾尔自治区从 II 级上升到 I 级，上升了 1 级。第 II 级为青海省、内蒙古自治区、甘肃省、上海市、云南省、黑龙江省、安徽省，7 个省区市权重之和约占总权重的 30%。和 2012 年相比，2013 年环境质量等级情况是：青海省从 I 级下降到 II 级，下降了 1 级；云南省从 III 级上升到 II 级，上升了 1 级；黑龙江省从 III 级上升到 II 级，上升了 1 级；安徽省从 III 级上升到 II 级，上升了 1 级。第 III 级为天津市、福建省、贵州省、山西省、浙江省、广西壮族自治区、江西省，7 个省区市权重之和约占总权重的 20%。和 2012 年相比，

2013 年环境质量等级情况是：天津市从 Ⅱ 级下降到 Ⅲ 级，下降了 1 级；山西省从 Ⅱ 级下降到 Ⅲ 级，下降了 1 级；浙江省从 Ⅳ 级上升到 Ⅲ 级，上升了 1 级。第 Ⅳ 级为江苏省、广东省、重庆市、陕西省、吉林省，5 个省区市权重之和约占总权重的 10%。和 2012 年相比，2013 年环境质量等级情况是：江苏省从 Ⅴ 级上升到 Ⅳ 级，上升了 1 级；重庆市从 Ⅴ 级上升到 Ⅳ 级，上升了 1 级。第 Ⅳ 级为辽宁省、山东省、湖南省、河北省、湖北省、四川省、河南省（见表 1－27），7 个省区市权重之和约占总权重的 10%。和 2012 年相比，2013 年环境质量等级情况是：辽宁省从 Ⅳ 级下降到 Ⅴ 级，下降了 1 级。

表 1－27　　　　30 个省区市 2013 年环境质量等级划分

环境质量	省区市
Ⅰ 级（4 个）	海南省、宁夏回族自治区、北京市、新疆维吾尔自治区
Ⅱ 级（7 个）	青海省、内蒙古自治区、甘肃省、上海市、云南省、黑龙江省、安徽省
Ⅲ 级（7 个）	天津市、福建省、贵州省、山西省、浙江省、广西壮族自治区、江西省
Ⅳ 级（5 个）	江苏省、广东省、重庆市、陕西省、吉林省
Ⅴ 级（7 个）	辽宁省、山东省、湖南省、河北省、湖北省、四川省、河南省

八　2012 年各省区市环境质量分级

将 2012 年各省区市环境质量综合得分按权重比 3、3、2、1、1 分为五级，第 Ⅰ 级为海南省、青海省、北京市，3 个省区市权重之和约占总权重的 30%。和 2011 相比，2012 环境质量等级情况是：北京市从 Ⅱ 级上升到 Ⅰ 级，上升了 1 级。第 Ⅱ 级为宁夏回族自治区、甘肃省、新疆维吾尔自治区、上海市、内蒙古自治区、天津市、山西省，7 个省区市权重之和约占总权重的 30%。和 2011 年相比，2012 年环境质量等级情况是：甘肃省从 Ⅲ 级上升到 Ⅱ 级，上升了 1 级；内蒙古自治区从 Ⅰ 级下降到 Ⅱ 级，下降了 1 级。第 Ⅲ 级为云南省、黑龙江省、福建省、贵州省、江西省、安徽省、广西壮族自治区，7 个省区市权重之和约占总权重的 20%。和 2011 年相比，2012 年环境质量等级情况是：云南省从 Ⅱ 级下降到 Ⅲ 级，下降了 1 级；广西壮族自治区从Ⅳ级上升到Ⅲ级，上升了 1 级。第Ⅳ级为辽宁省、浙江省、吉林省、陕西省、广东省，5 个省区市权重之和约占总权重的 10%。和 2011 年相比，2012 年环境质量等级情况是：辽宁省从Ⅴ级上升到Ⅳ级，上升了 1 级；浙江省从Ⅴ级上升到Ⅳ级，上升了 1 级。第Ⅴ级为江苏省、山东省、重庆市、河北省、湖北省、湖南省、四川省、河南省（见表 1 - 28），8 个省区市权重之和约占总权重的 10%。和 2011 年相比，2012 年环境质量等级情况是：重庆市从Ⅲ级下降到Ⅴ级，下降了 2 级；河北省从Ⅳ级下降到Ⅴ级，下降了 1 级。

表 1 - 28　　　　　　　30 个省区市 2012 年环境质量等级划分

环境质量	省区市
Ⅰ级（3 个）	海南省、青海省、北京市
Ⅱ级（7 个）	宁夏回族自治区、甘肃省、新疆维吾尔自治区、上海市、内蒙古自治区、天津市、山西省
Ⅲ级（7 个）	云南省、黑龙江省、福建省、贵州省、江西省、安徽省、广西壮族自治区
Ⅳ级（5 个）	辽宁省、浙江省、吉林省、陕西省、广东省
Ⅴ级（8 个）	江苏省、山东省、重庆市、河北省、湖北省、湖南省、四川省、河南省

九　2011 年各省区市环境质量分级

将 2011 年各省区市环境质量综合得分按权重比 3、3、2、1、1 分为五级，第Ⅰ级为海南省、青海省、内蒙古自治区，3 个省区市权重之和约占总权重的 30%。和 2010 年相比，2011 年环境质量等级情况是：内蒙古自治区从Ⅱ级上升到Ⅰ级，上升了 1 级。第Ⅱ级为北京市、宁夏回族自治区、天津市、上海市、新疆维吾尔自治区、云南省、山西省，7 个省区市权重之和约占总权重的 30%。和 2010 年相比，2011 年环境质量等级情况是：北京市从Ⅰ级下降到Ⅱ级，下降了 1 级；宁夏回族自治区从Ⅰ级下降到Ⅱ级，下降了 1 级。第Ⅲ级为贵州省、黑龙江省、甘肃省、福建省、重庆市、江西省、安徽省，7 个省区市权重之和约占总权重的 20%。和 2010 年相比，2011 年环境质

量等级情况是：甘肃省从Ⅱ级下降到Ⅲ级，下降了1级；重庆市从Ⅳ
级上升到Ⅲ级，上升了1级；安徽省从Ⅳ级上升到Ⅲ级，上升了1
级。第Ⅳ级为河北省、广西壮族自治区、吉林省、陕西省、广东省，
5个省区市权重之和约占总权重的10%。和2010年相比，2011年环
境质量等级情况是：广西壮族自治区从Ⅲ级下降到Ⅳ级，下降了1
级；吉林省从Ⅲ级下降到Ⅳ级，下降了1级；陕西省从Ⅲ级下降到Ⅳ
级，下降了1级；广东省从Ⅱ级下降到Ⅳ级，下降了2级。第Ⅴ级为
江苏省、山东省、辽宁省、浙江省、四川省、湖北省、湖南省、河南
省（见表1-29），8个省区市权重之和约占总权重的10%。和2010
年相比，2011年环境质量等级情况是：山东省从Ⅳ级下降到Ⅴ级，下
降了1级；浙江省从Ⅳ级下降到Ⅴ级，下降了1级。

表1-29　　　　　　　30个省区市2011年环境质量等级划分

环境质量	省区市
Ⅰ级（3个）	海南省、青海省、内蒙古自治区
Ⅱ级（7个）	北京市、宁夏回族自治区、天津市、上海市、新疆维吾尔自治区、云南省、山西省
Ⅲ级（7个）	贵州省、黑龙江省、甘肃省、福建省、重庆市、江西省、安徽省
Ⅳ级（5个）	河北省、广西壮族自治区、吉林省、陕西省、广东省
Ⅴ级（8个）	江苏省、山东省、辽宁省、浙江省、四川省、湖北省、湖南省、河南省

十　2010年各省区市环境质量分级

将2010年各省区市环境质量综合得分按权重比3、3、2、1、1
分为五级，第Ⅰ级为海南省、青海省、北京市、宁夏回族自治区，4
个省区市权重之和约占总权重的30%。和2009年相比，2010年环境
质量等级情况是：北京市从Ⅱ级上升到Ⅰ级，上升了1级。第Ⅱ级为
内蒙古自治区、天津市、上海市、广东省、山西省、甘肃省、云南
省、新疆维吾尔自治区，8个省区市权重之和约占总权重的30%。和
2009年相比，2010年环境质量等级情况是：广东省从Ⅳ级上升到Ⅱ
级，上升了2级；甘肃省从Ⅲ级上升到Ⅱ级，上升了1级；云南省从

Ⅲ级上升到Ⅱ级，上升了1级。第Ⅲ级为广西壮族自治区、陕西省、福建省、黑龙江省、吉林省、贵州省、江西省，7个省区市权重之和约占总权重的20%。和2009年相比，2010年环境质量等级情况是：广西壮族自治区从Ⅱ级下降到Ⅲ级，下降了1级；吉林省从Ⅳ级上升到Ⅲ级，上升了1级；江西省从Ⅳ级上升到Ⅲ级，上升了1级。第Ⅳ级为重庆市、安徽省、浙江省、山东省、河北省，5个省区市权重之和约占总权重的10%。和2009年相比，2010年环境质量等级情况是：重庆市从Ⅴ级上升到Ⅳ级，上升了1级；安徽省从Ⅲ级下降到Ⅳ级，下降了1级；河北省从Ⅴ级上升到Ⅳ级，上升了1级。第Ⅴ级为江苏省、辽宁省、湖北省、湖南省、四川省、河南省（见表1-30），6个省区市权重之和约占总权重的10%。和2009年相比，2010年环境质量等级情况是：江苏省从Ⅳ级下降到Ⅴ级，下降了1级。

表1-30　　　　　　30个省区市2010年环境质量等级划分

环境质量	省区市
Ⅰ级（4个）	海南省、青海省、北京市、宁夏回族自治区
Ⅱ级（8个）	内蒙古自治区、天津市、上海市、广东省、山西省、甘肃省、云南省、新疆维吾尔自治区
Ⅲ级（7个）	广西壮族自治区、陕西省、福建省、黑龙江省、吉林省、贵州省、江西省
Ⅳ级（5个）	重庆市、安徽省、浙江省、山东省、河北省
Ⅴ级（6个）	江苏省、辽宁省、湖北省、湖南省、四川省、河南省

第四节　中国各省区市环境质量改善分析

一　从东部地区、中部地区和西部地区分析

东部地区环境质量指数改善优于中部地区和西部地区，中部地区环境质量指数改善优于西部地区。东部地区、中部地区、西部地区分

别改善了 41.85%、28.51%、22.1%。

二 从四板块分析

按 2016 年东部地区、中部地区、西部地区和东北地区四板块来说，14 年来，环境质量指数改善的顺序为：东部地区 > 中部地区 > 西部地区 > 东北地区，分别改善了 45.91%、31.62%、26.17%、22.61%。

2016 年四板块的环境质量方面，东部地区好于西部地区，西部地区好于东北地区，东北地区好于中部地区，具体排名如表 1 - 31 和表 1 - 32 所示。

表 1 - 31　　　　2016 年发展前景及一级指标四板块排名

排名	发展前景	经济增长	增长可持续性	政府效率	人民生活	环境质量
1	东部地区	东部地区	东部地区	东部地区	东部地区	东部地区
2	东北地区	中部地区	东北地区	东北地区	东北地区	西部地区
3	中部地区	西部地区	西部地区	西部地区	中部地区	东北地区
4	西部地区	东北地区	中部地区	中部地区	西部地区	中部地区

表 1 - 32　　　　2016 年发展前景及一级指标四板块排名

排名	发展前景	经济增长	增长可持续性	政府效率	人民生活	环境质量
东部地区	1	1	1	1	1	1
中部地区	3	2	4	4	3	4
西部地区	4	3	3	3	4	2
东北地区	2	4	2	2	2	3

三 发展前景分级的环境质量改善分析

发展前景及各一级指标综合得分按权重比 3、3、2、1、1 分为五级。将 30 个省区市的发展前景及每个一级指标的五个级别的环境质量改善情况总结如表 1 - 33 和表 1 - 34 所示。

表1-33 发展前景及一级指标分级环境指数改善排名

排名	发展前景	经济增长	增长可持续性	政府效率	人民生活	环境质量
1	I级	I级	I级	I级	IV级	II级
2	III级	IV级	II级	IV级	I级	III级
3	V级	II级	IV级	II级	V级	I级
4	II级	V级	III级	V级	III级	IV级
5	IV级	III级	V级	III级	II级	V级

表1-34 发展前景及一级指标分级环境指数改善排名对应值

排名	发展前景	经济增长	增长可持续性	政府效率	人民生活	环境质量
1	68.53	61.26	65.07	68.53	58.79	55.31
2	37.95	57.78	36.73	45.91	57.13	43.21
3	28.71	30.18	26.76	27.56	32.48	30.77
4	21.87	26.71	26.09	25.00	18.76	27.80
5	20.28	13.35	25.94	19.35	12.14	7.54

按2016年发展前景五个级别划分，14年来，环境质量指数改善的顺序为：I级地区＞III级地区＞V级地区＞II级地区＞IV级地区。分别改善了68.53%、37.95%、28.71%、21.87%和20.28%。

按2016年经济增长五个级别划分，14年来，环境质量指数改善的顺序为：I级地区＞IV级地区＞II级地区＞V级地区＞III级地区。分别改善了61.26%、57.78%、30.18%、26.71%和13.35%。

按2016年增长可持续性五个级别划分，14年来，环境质量指数改善的顺序为：I级地区＞II级地区＞IV级地区＞III级地区＞V级地区。分别改善了65.07%、36.73%、26.76%、26.09%和25.94%。

按2016年政府效率五个级别划分，14年来，环境质量指数改善的顺序为：I级地区＞IV级地区＞II级地区＞V级地区＞III级地区。

分别改善了 68.53%、45.91%、27.56%、25.00% 和 19.35%。

按 2016 年人民生活五个级别划分，14 年来，环境质量指数改善的顺序为：Ⅳ级地区 > Ⅰ级地区 > Ⅴ级地区 > Ⅲ级地区 > Ⅱ级地区。分别改善了 58.79%、57.13%、32.48%、18.76% 和 12.14%。

按 2016 年环境质量五个级别划分，14 年来，环境质量指数改善的顺序为：Ⅱ级地区 > Ⅲ级地区 > Ⅰ级地区 > Ⅳ级地区 > Ⅴ级地区。分别改善了 55.31%、43.21%、30.77%、27.8% 和 7.54%。

从表 1－34 来看，发展前景、经济增长、增长可持续性和政府效率为Ⅰ级的，环境质量的改善也排名第一，改善最多。发展前景第Ⅰ级包括上海市、江苏省、浙江省、北京市；经济增长第Ⅰ级包括广东省、上海市、天津市、浙江省；增长可持续性第Ⅰ级包括上海市、江苏省、浙江省、广东省；政府效率第Ⅰ级包括北京市、浙江省、上海市、江苏省。

人民生活第Ⅳ级的环境质量改善排名第一，包括海南省、黑龙江省、宁夏回族自治区、湖南省、云南省。

环境质量的第Ⅱ级改善排名第一，包括新疆维吾尔自治区、上海市、云南省、内蒙古自治区、浙江省、黑龙江省、福建省。

环境质量改善最少的有发展前景的Ⅳ级、经济增长的Ⅲ级、增长可持续性的Ⅴ级、政府效率的Ⅲ级、人民生活的Ⅱ级和环境质量的Ⅴ级。

环境质量改善最少的有发展前景的第Ⅳ级、经济增长的第Ⅲ级、增长可持续性的第Ⅴ级、政府效率的第Ⅲ级、人民生活的第Ⅱ级和环境质量的第Ⅴ级。

其中发展前景的第Ⅳ级包括江西省、重庆市、山西省、河南省、青海省；经济增长的第Ⅲ级包括湖北省、安徽省、吉林省、河南省、四川省、重庆市；增长可持续性的第Ⅴ级包括重庆市、云南省、宁夏回族自治区、广西壮族自治区、甘肃省、河南省、山西省、贵州省；政府效率的第Ⅲ级包括宁夏回族自治区、福建省、重庆市、吉林省、湖北省、山西省、青海省；人民生活的第Ⅱ级包括辽宁省、山东省、吉林省、福建省、陕西省、山西省、湖北省、新疆维吾尔自治区；环境质量的第Ⅴ级包括山西省、辽宁省、四川省、山东省、湖北省、河北省、河南省。

2016 年的发展前景、经济增长、增长可持续性、政府效率、人民生活和环境质量五个级别划分所包含的省区市见附录二中的表 4 至表 9。

2016 年发展前景及一级指标分级环境质量排名见表 1 – 35。

表 1 – 35　　　　　发展前景及一级指标分级环境质量排名

排名	发展前景	经济增长	增长可持续性	政府效率	人民生活	环境质量
1	Ⅰ级	Ⅴ级	Ⅱ级	Ⅱ级	Ⅳ级	Ⅰ级
2	Ⅲ级	Ⅰ级	Ⅰ级	Ⅰ级	Ⅰ级	Ⅱ级
3	Ⅴ级	Ⅱ级	Ⅴ级	Ⅲ级	Ⅴ级	Ⅲ级
4	Ⅱ级	Ⅳ级	Ⅲ级	Ⅴ级	Ⅲ级	Ⅳ级
5	Ⅳ级	Ⅲ级	Ⅳ级	Ⅳ级	Ⅱ级	Ⅴ级

2016 年发展前景的第Ⅰ级、经济增长的第Ⅴ级、增长可持续性的第Ⅱ级、政府效率的第Ⅱ级、人民生活的第Ⅳ级都是排名第一。发展前景第Ⅰ级的环境指数改善和环境质量都排名第一。

2016 年发展前景的第Ⅳ级、经济增长的第Ⅲ级、增长可持续性的第Ⅳ级、政府效率的第Ⅳ级和人民生活的第Ⅱ级排名第五。

第五节　中国各省区市环境质量影响因素分析

一　二级指标

环境质量二级指标权重见表 1 – 36。

表 1 - 36　　　　　　　　环境质量二级指标权重

权重排名	指标	权重
1	工业排放	0.3755
2	空气监测	0.3025
3	环保资源	0.1570
4	环保投资	0.1063
5	环保能耗	0.0297
6	优良天数	0.0263
7	环保产值	0.0028

二　具体指标权重

具体指标权重见表 1 - 37。

表 1 - 37　　　　　　　环境质量具体指标权重

权重排名	指标	权重
1	工业废水排放量	0.1000
2	工业烟尘排放量	0.0999
3	工业二氧化硫排放量	0.0904
4	工业粉尘排放量	0.0852
5	PM10	0.0777
6	二氧化氮	0.0748
7	万人城市园林绿地面积	0.0666
8	二氧化硫	0.0652
9	治理工业污染项目投资占 GDP 比重	0.0535
10	环境污染治理投资占 GDP 比重	0.0528
11	臭氧	0.0514
12	自然保护区面积	0.0480
13	人均水资源量	0.0424
14	PM2.5	0.0334
15	空气质量良好天数	0.0263

续表

权重排名	指标	权重
16	万元 GDP 能耗指标	0.0241
17	万元 GDP 电力消耗指标	0.0056
18	工业"三废"综合利用产品产值比	0.0028

第六节　简短结论

通过中国各省区市 2003—2016 年的环境质量的分析，得出各省区市环境质量发展情况。

和 2015 年相比，2016 年环境质量排名上升的省区市有 7 个：上升了 7 位的省区市有 1 个，福建省从第 15 位上升到第 8 位；上升了 5 位的省区市有 2 个，河北省从第 27 位上升到第 22 位，湖南省从第 22 位上升到第 17 位；上升了 2 位的省区市有 2 个，吉林省从第 13 位上升到第 11 位，青海省从第 14 位上升到第 12 位；上升了 1 位的省区市有 2 个，新疆维吾尔自治区从第 10 位上升到第 9 位，海南省从第 8 位上升到第 7 位。

排名下降的省区市有 13 个：下降了 6 位的省区市有 1 个，山东省从第 7 位下降到第 13 位；下降了 4 位的省区市有 1 个，黑龙江省从第 11 位下降到第 15 位；下降了 2 位的省区市有 2 个，重庆市从第 21 位下降到第 23 位，辽宁省从第 12 位下降到第 14 位；下降了 1 位的省区市有 9 个，天津市从第 9 位下降到第 10 位，甘肃省从第 26 位下降到第 27 位，陕西省从第 20 位下降到第 21 位，广西壮族自治区从第 25 位下降到第 26 位，云南省从第 23 位下降到第 24 位，湖北省从第 19 位下降到第 20 位，江西省从第 18 位下降到第 19 位，安徽省从第 17 位下降到第 18 位，宁夏回族自治区从第 24 位下降到第 25 位。

14 年来，湖南的环境质量指数改善最多，河南的环境质量指数改善最少。按 2016 年四个板块来说，14 年来，环境质量指数改善的顺

序为：东部地区 > 中部地区 > 西部地区 > 东北地区，分别改善了
45.91%、31.62%、26.17%、22.61%。

本章将 2000 年后以来、2010 年以来、2009—2016 年按权重比 3、
3、2、1、1 将各省区市分为五级。我们发现，2003 年以来、2010 年
以来海南省、青海省、宁夏回族自治区、北京市处于第 I 级；2013—
2016 年历年海南省、北京市、宁夏回族自治区处于第 I 级，2013—
2015 年，新疆处于第 I 级。2010—2012 年、2016 年青海处于第 I 级。

第二章　中国环境经济地区分化现状

衡量地区间差距的统计指标有很多，如基尼系数、泰尔指数、有权重或无权重的变异系数等。已有学者利用这些指标进行分析（林毅夫、李周，1998；蔡昉、都阳，2000；章奇，2001；沈坤荣、马俊，2002），结果表明，不同指标的效果差别不大。泰尔指数可以度量不同地区间和地区内部的不平衡状态，故用泰尔指数度量地区分化情况。泰尔指数（Theil Index）是一个衡量个人之间或地区间收入差距或者不平等程度的指标。其最大的优点是：它可以衡量分组内部差距和不同组别之间的差距对总的差距的贡献。泰尔指数和基尼系数互补。基尼系数（GINI）对中等收入水平的变化非常敏感，而泰尔指数对上层收入水平的变化很敏感。泰尔指数推导过程见附录三。这里区分为地区内分化和地区间分化两个概念。T1 是地区间泰尔指数，T2 是地区内泰尔指数。

人均 GDP 和人均可支配收入代表经济发展水平，PM10、PM2.5 代表环境污染重要的指标。用单位 PM10 或 PM2.5 的人均 GDP 或人均可支配收入的泰尔指数来考察环境对经济发展的影响。

第一节　四板块各省区市环保指标地区分化情况

一　基于四板块各省区市 PM10 指标的泰尔指数

基于四板块（东部地区、中部地区、西部地区和东北地区）PM10 指标的泰尔指数分析地区分化情况。

　　地区间 PM10 指标的泰尔指数 T1 先降后升。2004—2012 年，地区间 PM10 指标的泰尔指数 T1 从 2004 年的 0.0174 下降到 2012 年的 0.0103，差距逐步缩小。但 2012 年后地区间 PM10 指标的泰尔指数 T1 有所变大，从 2012 年的 0.0103 扩大到 2016 年的 0.0176。

　　地区内 PM10 指标的泰尔指数呈 V 形变化，先降后升。2003—2011 年，地区内 PM10 指标的泰尔指数 T2 从 2003 年的 0.1191 下降到 2011 年的 0.0847，差距持续缩小。但 2011 年后地区内 PM10 指标的泰尔指数 T2 有所扩大，从 2011 年的 0.0847 扩大到 2016 年的 0.099。

　　地区内 PM10 指标的泰尔指数呈 V 形变化，先降后升。2003—2011 年，PM10 指标的泰尔指数 T 从 2003 年的 0.1328 下降到 2011 年的 0.096，差距持续缩小。但 2011 年后 PM10 指标的泰尔指数 T 有所扩大，从 2011 年的 0.096 扩大到 2016 年的 0.1166。

　　PM10 指标的地区间泰尔指数 T1、地区内泰尔指数 T2 和泰尔指数 T 总的趋势是逐渐变小，但 2011 年以后 T、T1 和 T2 均有扩大的趋势。地区内泰尔指数 T2 大于地区间泰尔指数 T1，说明地区内部不平等远大于地区间不平等（见图 2 - 1）。

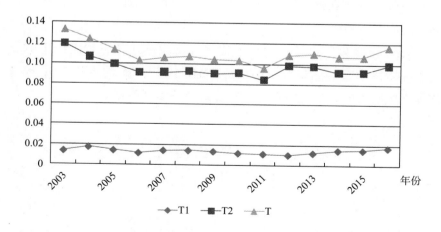

图 2 - 1　PM10 指标的泰尔指数（四板块）

注：T1 是地区间 PM10 指标的泰尔指数；T2 是地区内 PM10 指标的泰尔指数；T 为 T1 和 T2 之和，是 PM10 指标的泰尔指数。

东部地区 PM10 指标的泰尔指数（Te）呈 V 形变化，先持续下降，近几年则反弹。2003—2011 年，东部地区 PM10 指标的泰尔指数从 2003 年的 0.2484 下降到 2011 年的 0.1443，差距持续缩小。但 2011 年后东部地区 PM10 指标的泰尔指数有所增大，从 2011 年的 0.1443 提高到 2016 年的 0.177。

中部地区 PM10 指标的泰尔指数（Tm）持续扩大，近年来开始略有下降。2004—2015 年，中部地区 PM10 指标的泰尔指数从 2004 年的 0.0193 上升到 2015 年的 0.0448，差距持续扩大。2016 年则略回调至 0.0412。

西部地区 PM10 指标的泰尔指数（Tw）持续下降，近年来略有反弹。2005—2015 年，西部地区 PM10 指标的泰尔指数从 2005 年的 0.0969 下降到 2015 年的 0.0621，差距持续缩小。但 2015 年后西部地区 PM10 指标的泰尔指数有所变大，从 2015 年的 0.0621 扩大到 2016 年的 0.0699。

东北地区 PM10 指标的泰尔指数（Tne）呈 W 形变化，先降后升再降又升。从 2004—2005 年，东北地区 PM10 指标的泰尔指数从 2004 年的 0.0306 下降到 2005 年的 0.0132，差距很快缩小。但 2005 年后东北地区 PM10 指标的泰尔指数有所变大，从 2005 年的 0.0132 扩大到 2009 年的 0.0184。2013 年泰尔指数下降到 0.003，此后，2016 年有略反弹到 0.014。

除中部地区 PM10 指标的泰尔指数持续下降外，东部地区、西部地区的 PM10 指标的泰尔指数近年开始出现反弹，说明东部地区、西部地区及东北地区开始有所分化（见图 2－2）。

PM10 指标的泰尔指数方面，东部地区 Te＞西部地区 Tw＞中部地区 Tm＞东北地区 Tne。说明东部地区 PM10 指标的地区差距大于西部地区，西部地区又大于中部地区，中部地区则大于东北地区（见图 2－3）。

2003—2015 年，东部地区与中部地区 PM10 指标的泰尔指数差距从 2003 年的 11.46 倍下降到 2015 年的 2.63 倍，差距持续缩小。但 2015 年后东部地区与中部地区 PM10 指标的泰尔指数差距迅速拉大，从 2015 年的 2.63 倍拉升到 2016 年的 3.3 倍。

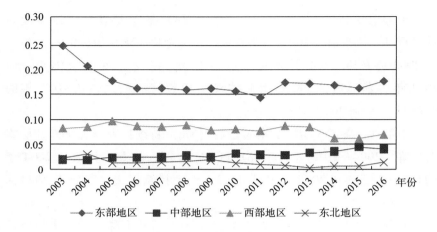

图 2-2 四板块 PM10 指标的泰尔指数

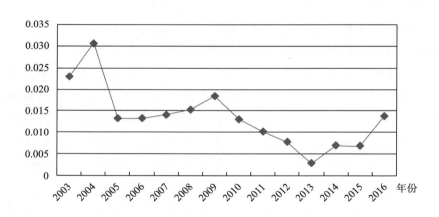

图 2-3 东北地区 PM10 指标的泰尔指数

2004—2015 年，西部地区与中部地区 PM10 指标的泰尔指数差距从 2004 年的 3.44 倍下降到 2015 年的 0.39 倍，差距持续缩小。但 2015 年后，西部地区与中部地区 PM10 指标的泰尔指数差距迅速拉大，从 2015 年的 0.39 倍拉升到 2016 年的 0.7 倍。

2003—2008 年，东部地区与西部地区 PM10 指标的泰尔指数差距从 2003 年的两倍下降到 2008 年的 0.8 倍，差距持续缩小。但 2008 年后东部地区与西部地区 PM10 指标的泰尔指数差距迅速拉大，从

2008 年的 0.8 倍迅速拉升到 2014 年的 1.69 倍。2016 年略降到 1.53 倍。

2004—2013 年，中部地区与东北地区 PM10 指标的泰尔指数差距从 2004 年的 − 0.37 倍上升到 2013 年的 10.57 倍，差距持续扩大。2016 年差距下降到 1.99 倍。

总体来看，东部地区、中部地区和西部地区之间的差距逐渐缩小，近年来，东部地区、西部地区与中部地区之间的差距开始拉大（见图 2 − 4）。

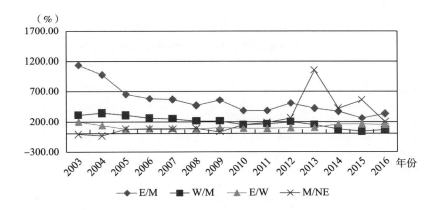

图 2 − 4　四板块 PM10 指标的泰尔指数差距

注：E/M、W/M、E/W 和 M/NE 分别是东部地区与中部地区、西部地区与中部地区、东部地区与西部地区、中部地区与东北地区的泰尔指数差距，用百分比来表示。

地区间泰尔指数 T1、东部地区、中部地区、西部地区、东北地区对总的泰尔指数贡献率总体是东部地区大于西部地区，西部地区大于地区间泰尔指数 T1，T1 又大于中部地区，中部地区大于东北地区（见图 2 − 5）。

二　基于四板块各省区市 PM2.5 指标的泰尔指数

基于四板块（东部地区、中部地区、西部地区和东北地区）PM2.5 指标的泰尔指数分析地区分化情况。

地区间 PM2.5 指标的泰尔指数 T1 呈下降趋势。2006—2016 年，地区间 PM2.5 指标的泰尔指数 T1 从 2006 年的 0.0267 下降到 2016 年的 0.022，差距逐步缩小（见图 2 - 6）。

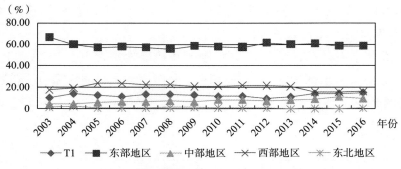

图 2 - 5　T1 和四板块 PM10 指标的泰尔指数贡献率

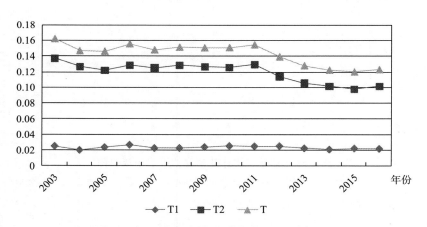

图 2 - 6　PM2.5 指标的泰尔指数（四板块）

注：其中 T1 是地区间 PM2.5 指标的泰尔指数，T2 是地区内 PM2.5 指标的泰尔指数，T 是 T1 和 T2 之和，是 PM2.5 指标的泰尔指数。

地区内 PM2.5 指标的泰尔指数持续下降，近年来略有反弹。2003—2015 年，地区内 PM2.5 指标的泰尔指数 T2 从 2003 年的 0.1373 下降到 2015 年的 0.0981，差距持续缩小。但 2015 年后地区内 PM2.5 指标的泰尔指数 T2 有所扩大，从 2015 年的 0.0981 扩大到 2016 年的 0.1015。

　　PM2.5 指标的泰尔指数 T 持续下降，近年来略有反弹。2003—2015 年，PM2.5 指标的泰尔指数 T 从 2003 年的 0.1624 下降到 2015 年的 0.1206，差距持续缩小。但 2015 年后 PM2.5 指标的泰尔指数 T 有所扩大，从 2015 年的 0.1206 扩大到 2016 年的 0.1236。

　　PM2.5 指标的地区间泰尔指数 T1、地区内泰尔指数 T2 和泰尔指数 T 总的趋势是逐渐变小的，但近年来 T、T1 和 T2 均有扩大的趋势。地区内泰尔指数 T2 大于地区间泰尔指数 T1，说明地区内不平等远大于地区间不平等（见图 2 - 6）。

　　东部地区 PM2.5 指标的泰尔指数先升后降，近年来开始反弹。2004—2011 年，东部地区 PM2.5 指标的泰尔指数从 2004 年的 0.1799 上升到 2011 年的 0.2155，差距扩大。但 2011 年后东部地区 PM2.5 指标的泰尔指数逐渐减小，从 2011 年的 0.2155 下降到 2015 年的 0.162。后又逐渐反弹至 2016 年的 0.169。

　　中部地区 PM2.5 指标的泰尔指数持续下降，近年来略有反弹。2003—2013 年，中部地区 PM2.5 指标的泰尔指数从 2003 年的 0.0805 下降到 2013 年的 0.038，差距持续缩小。但 2013 年后中部地区 PM2.5 指标的泰尔指数有所增大，从 2013 年的 0.038 提高到 2016 年的 0.04（见图 2 - 7）。

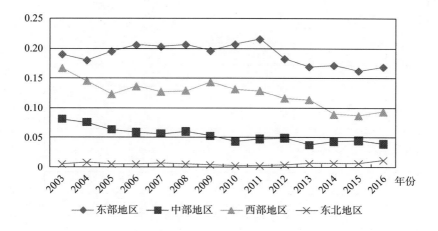

图 2 - 7　四板块 PM2.5 指标的泰尔指数

西部地区 PM2.5 指标的泰尔指数持续下降，近年来略有反弹。2003—2015 年，西部地区 PM2.5 指标的泰尔指数从 2003 年的 0.1669 下降到 2015 年的 0.0867，差距持续缩小。但 2015 年后西部地区 PM2.5 指标的泰尔指数有所变大，从 2015 年的 0.0867 扩大到 2016 年的 0.0932。

东北地区 PM2.5 指标的泰尔指数先升后降，近年来开始反弹。2003—2004 年，东北地区 PM2.5 指标的泰尔指数从 2003 年的 0.0045 上升到 2004 年的 0.0081，差距扩大。但 2004 年后东北地区 PM2.5 指标的泰尔指数逐渐减小，从 2004 年的 0.0081 下降到 2010 年的 0.0021。后又逐渐反弹至 2016 年的 0.012。

总体趋势是：东部地区、中部地区、西部地区和东北地区的 PM2.5 指标的泰尔指数持续走低，东部地区、西部地区和东北部的 PM2.5 指标的泰尔指数近年来开始出现反弹（见图 2 - 7 和图 2 - 8），说明东部地区、西部地区与中部地区、东部地区的地区开始有所分化。

PM2.5 指标的泰尔指数方面，东部地区 Te > 西部地区 Tw > 中部地区 Tm > 东北地区 Tne。说明东部地区 PM2.5 指标的地区差距大于西部地区，西部地区又大于中部地区，中部地区则大于东北地区（见图 2 - 7）。

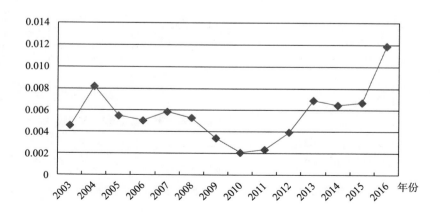

图 2 - 8 东北地区 PM2.5 指标的泰尔指数

2003—2010 年，东部地区与中部地区 PM2.5 指标的泰尔指数差距从 2003 年的 1.36 倍上升到 2010 年的 3.73 倍，差距持续扩大。但 2010 年后东部地区与中部地区 PM2.5 指标的泰尔指数差距缩小，从 2010 年的 3.73 倍迅速下降到 2015 年的 2.58 倍。后有所反弹，2016 年反弹到 3.21 倍。

2004—2010 年，西部地区与中部地区 PM2.5 指标的泰尔指数差距从 2004 年的 0.92 倍上升到 2010 年的两倍，差距持续扩大。但 2010 年后西部地区与中部地区 PM2.5 指标的泰尔指数差距缩小，从 2010 年的两倍迅速下降到 2015 年的 0.92 倍。后有所反弹，2016 年反弹到 1.33 倍。

2003—2014 年，东部地区与西部地区 PM2.5 指标的泰尔指数差距从 2003 年的 0.14 倍上升到 2014 年的 0.93 倍，差距持续扩大。但 2014 年后东部地区与西部地区 PM2.5 指标的泰尔指数差距缩小，从 2014 年的 0.93 倍下降到 2016 年的 0.81 倍。

2003—2004 年，中部地区与东北地区 PM2.5 指标的泰尔指数差距从 2003 年的 16.7 倍下降到 2004 年的 8.29 倍，差距显著缩小，而 2010 年差距又上升到 20.24 倍。此后又降到 2016 年的 2.38 倍。

总体来看，东部地区、中部地区和西部地区之间的差距总体在逐渐拉大，地区分化加剧（见图 2-9）。

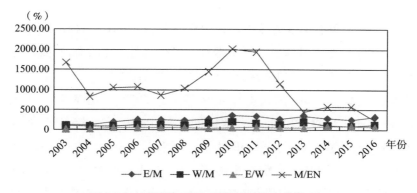

图 2-9　四板块 PM2.5 指标的泰尔指数差距

注：E/M、W/M、E/W 和 M/NE 分别是东部地区与中部地区、西部地区与中部地区、东部地区与西部地区、中部地区与东北地区的泰尔指数差距，用百分比来表示。

地区间泰尔指数 T1、东部地区、中部地区、西部地区、东北地区
对总泰尔指数贡献率总体是：东部大于西部地区，西部地区大于地区
间泰尔指数 T1，T1 又大于中部地区，中部地区大于东北地区（见图
2 – 10）。

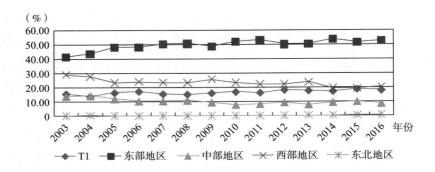

图 2 – 10   T1 和四板块 PM2.5 指标的泰尔指数贡献率

第二节   四板块各省区市单位 PM10 的
经济发展情况

一   基于四板块各省区市单位 PM10 的人均 GDP 的泰尔指数

基于四板块（东部地区、中部地区、西部地区和东北地区）单位
PM10 的人均 GDP 的泰尔指数分析地区分化情况。

地区间单位 PM10 的人均 GDP 的泰尔指数 T1 呈弱 W 形，先降后
升再降又升。2003—2011 年，地区间单位 PM10 的人均 GDP 的泰尔
指数 T1 单位 PM10 的人均 GDP 的泰尔指数从 2003 年的 0.0611 下降
到 2011 年的 0.0326，差距逐步缩小。但 2011 年后地区间单位 PM10
的人均 GDP 的泰尔指数 T1 单位 PM10 的人均 GDP 的泰尔指数有所变
大，从 2011 年的 0.0326 扩大到 2013 年的 0.041。2015 年泰尔指数
下降到 0.033，此后 2016 年略有反弹到 0.037。

地区内单位 PM10 的人均 GDP 的泰尔指数持续下降，近年来略有反弹。2003—2014 年，地区内单位 PM10 的人均 GDP 的泰尔指数 T2 从 2003 年的 0.1531 下降到 2014 年的 0.0906，差距持续缩小。但 2014 年后地区内单位 PM10 的人均 GDP 的泰尔指数 T2 有所扩大，从 2014 年的 0.0906 扩大到 2016 年的 0.099。

单位 PM10 的人均 GDP 的泰尔指数 T 持续下降，近年来略有反弹。2003—2011 年，单位 PM10 的人均 GDP 的泰尔指数 T 从 2003 年的 0.2142 下降到 2011 年的 0.1237，差距持续缩小。但 2011 年后单位 PM10 的人均 GDP 的泰尔指数 T 有所扩大，从 2011 年的 0.1237 扩大到 2016 年的 0.1359。

单位 PM10 的人均 GDP 的地区间泰尔指数 T1、地区内泰尔指数 T2 和泰尔指数 T 总的趋势是逐渐变小，但近年来 T、T1 和 T2 均有扩大的趋势。地区内泰尔指数 T2 大于地区间的泰尔指数 T1，说明地区内不平等远大于地区间不平等（见图 2-11）。

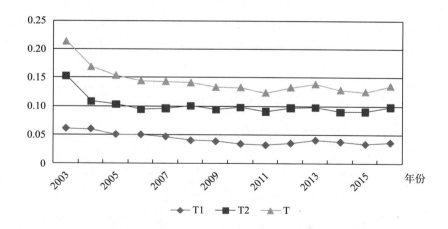

图 2-11 单位 PM10 的人均 GDP 的泰尔指数（四板块）

注：T1 是地区间单位 PM10 的人均 GDP 的泰尔指数，T2 是地区内单位 PM10 的人均 GDP 的泰尔指数，T 是 T1 和 T2 之和，是单位 PM10 的人均 GDP 的泰尔指数。

东部地区单位 PM10 的人均 GDP 的泰尔指数持续下降，近年来略有反弹。2003—2011 年，东部地区单位 PM10 的人均 GDP 的泰尔指数从 2003 年的 0.3319 下降到 2011 年的 0.1537，差距持续缩小。但2011 年后东部地区单位 PM10 的人均 GDP 的泰尔指数有所增大，从2011 年的 0.1537 提高到 2016 年的 0.1832。

中部地区单位 PM10 的人均 GDP 的泰尔指数持续上升。2004—2016 年，中部地区单位 PM10 的人均 GDP 的泰尔指数从 2004 年的0.0202 上升到 2016 年的 0.0435，差距持续扩大。

西部地区单位 PM10 的人均 GDP 的泰尔指数持续下降，近年来略有反弹。2003—2014 年，西部地区单位 PM10 的人均 GDP 的泰尔指数从 2003 年的 0.0986 下降到 2014 年的 0.0502，差距持续缩小。但2014 年后西部地区单位 PM10 的人均 GDP 的泰尔指数有所变大，从2014 年的 0.0502 扩大到 2016 年的 0.0614。

东北地区单位 PM10 的人均 GDP 的泰尔指数呈 W 形变化，即先降后升再降又升。2004—2005 年，东北地区单位 PM10 的人均 GDP的泰尔指数从 2004 年的 0.0131 下降到 2005 年的 0.0044，差距很快缩小。但 2005 年后东北地区单位 PM10 的人均 GDP 的泰尔指数有所上升，从 2005 年的 0.0044 扩大为 2009 年的 0.0113。2014 年泰尔指数下降到 0.002，此后 2016 年又反弹到 0.005（见图 2 - 12 和图 2 - 13）。

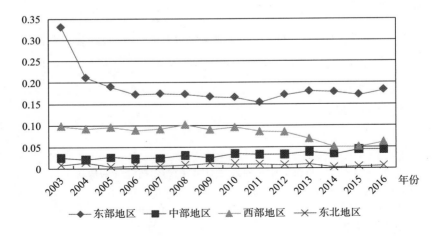

图 2 - 12　四板块单位 PM10 的人均 GDP 的泰尔指数

除中部地区单位 PM10 的人均 GDP 的泰尔指数持续下降外，东部地区、西部地区单位 PM10 的人均 GDP 的泰尔指数近年开始出现反弹，而东北地区单位 PM10 的人均 GDP 的泰尔指数则持续走高（见图 2－12 和图 2－13），说明东部地区、西部地区及东北地区开始有所分化。

单位 PM10 的人均 GDP 的泰尔指数方面，东部地区 Te ＞ 西部地区 Tw ＞ 中部地区 Tm ＞ 东北地区 Tne。说明东部地区单位 PM10 的人均 GDP 的地区差距大于西部地区，西部地区又大于中部地区，中部地区则大于东北地区（见图 2－13）。

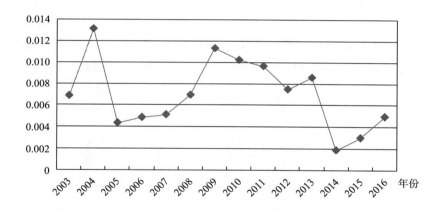

图 2－13　东北地区单位 PM10 的人均 GDP 的泰尔指数

2003—2015 年，东部地区与中部地区单位 PM10 的人均 GDP 的泰尔指数差距从 2003 年的 12.64 倍下降到 2015 年的 2.98 倍，差距持续缩小。但 2015 年后东部地区与中部地区单位 PM10 的人均 GDP 的泰尔指数差距迅速拉大，从 2015 年的 2.98 倍迅速拉升到 2016 年的 3.21 倍。

2004—2015 年，西部地区与中部地区单位 PM10 的人均 GDP 的泰尔指数差距从 2004 年的 3.57 倍下降到 2015 年的 0.16 倍，差距持续缩小。但 2015 年后西部地区与中部地区单位 PM10 的人均 GDP 的泰尔指数差距迅速拉大，从 2015 年的 0.16 倍迅速拉升到 2016 年的

0.41 倍。

2003—2008 年，东部地区与西部地区单位 PM10 的人均 GDP 的泰尔指数差距从 2003 年的 2.37 倍下降到 2008 年的 0.7 倍，差距持续缩小。但 2008 年后东部地区与西部地区单位 PM10 的人均 GDP 的泰尔指数差距迅速拉大，从 2008 年的 0.7 倍迅速拉升到 2014 年的 2.55 倍。2016 年略降到 1.98 倍。

2004—2014 年，中部地区与东北地区单位 PM10 的人均 GDP 的泰尔指数差距从 2004 年的 0.54 倍上升到 2014 年的 16.12 倍，差距持续扩大。2016 年差距略降到 7.78 倍。

总体来看，东部地区、中部地区和西部地区之间的差距在 2013 年前逐渐缩小，2013 年后东部地区、中部地区和西部地区之间的差距开始拉大，地区分化加剧。而中部地区与东北地区的差距则持续缩小，则是因为东北地区的泰尔指数持续走高（见图 2 - 14）。

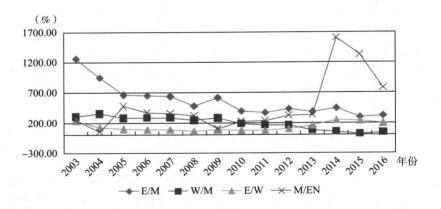

图 2 - 14　四板块单位 PM10 的人均 GDP 的泰尔指数差距

注：E/M、W/M、E/W 和 M/NE 分别是东部地区与中部地区、西部地区与中部地区、东部地区与西部地区、中部地区与东北地区的泰尔指数差距，用百分比来表示。

地区间泰尔指数 T1、东部地区、中部地区、西部地区、东北地区对总的泰尔指数贡献率总体是东部地区大于地区间泰尔指数 T1，T1 大于西部地区，西部地区又大于中部地区，中部地区大于东北地区

（见图 2 - 15）。

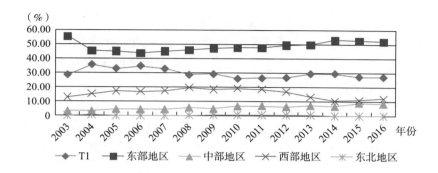

图 2 - 15　T1 和四板块单位 PM10 的人均 GDP 的泰尔指数贡献率

二　基于四板块各省区市单位 PM10 的人均可支配收入的泰尔指数

基于四板块（东部地区、中部地区、西部地区和东北地区）单位 PM10 的人均可支配收入的泰尔指数分析地区分化情况。

地区间单位 PM10 的人均可支配收入的泰尔指数 T1 呈弱 W 形变化，先降后升再降又升。2004—2015 年，地区间单位 PM10 的人均可支配收入的泰尔指数 T1 从 2004 年的 0.0427 下降到 2015 年的 0.0256，差距逐步缩小。但 2015 年后地区间单位 PM10 的人均可支配收入的泰尔指数 T1 有所变大，从 2015 年的 0.0256 扩大到 2016 年的 0.0287。

地区内单位 PM10 的人均可支配收入的泰尔指数持续下降，近年来略有反弹。2003—2011 年，地区内单位 PM10 的人均可支配收入的泰尔指数 T2 从 2003 年的 0.142 下降到 2011 年的 0.0853，差距持续缩小。但 2011 年后地区内单位 PM10 的人均可支配收入的泰尔指数 T2 有所扩大，从 2011 年的 0.0853 扩大到 2016 年的 0.0987。

单位 PM10 的人均可支配收入的泰尔指数 T 持续下降，近年来略有反弹。2003—2011 年，单位 PM10 的人均可支配收入的泰尔指数 T 从 2003 年的 0.1808 下降到 2011 年的 0.1133，差距持续缩小。但

2011 年后单位 PM10 的人均可支配收入的泰尔指数 T 有所扩大，从 2011 年的 0.1133 扩大到 2016 年的 0.1274。

单位 PM10 的人均可支配收入的地区间泰尔指数 T1、地区内泰尔指数 T2 和泰尔指数 T 的总趋势是逐渐变小，但近年来 T、T1 和 T2 均有扩大的趋势。说明地区内泰尔指数 T2 大于地区间泰尔指数 T1，地区内不平等远大于地区间不平等（见图 2 - 16）。

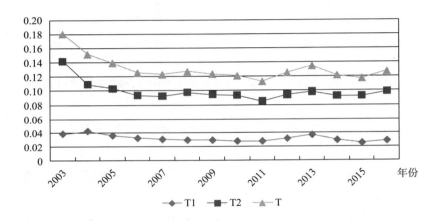

图 2 - 16 单位 PM10 的人均可支配收入的泰尔指数（四板块）

注：T1 是地区间单位 PM10 的人均可支配收入的泰尔指数，T2 是地区内单位 PM10 的人均可支配收入的泰尔指数，T 是 T1 和 T2 之和，是单位 PM10 的人均可支配收入的泰尔指数。

东部地区单位 PM10 的人均可支配收入的泰尔指数持续下降，近年来略有反弹。2003—2011 年，东部地区单位 PM10 的人均可支配收入的泰尔指数从 2003 年的 0.2994 下降到 2011 年的 0.163，差距持续缩小。但 2011 年后东部地区单位 PM10 的人均可支配收入的泰尔指数有所增大，从 2011 年的 0.163 提高到 2016 年的 0.1925。

中部地区单位 PM10 的人均可支配收入的泰尔指数持续上升，近年来略有下降。2004—2015 年，中部地区单位 PM10 的人均可支配收入的泰尔指数从 2004 年的 0.0209 上升到 2015 年的 0.0508，差距持续扩大。2016 年下降到 0.05。

西部地区单位 PM10 的人均可支配收入的泰尔指数持续下降，近年来略有反弹。2003—2015 年，西部地区单位 PM10 的人均可支配收入的泰尔指数从 2003 年的 0.0962 下降到 2015 年的 0.0329，差距持续缩小。但 2015 年后西部地区单位 PM10 的人均可支配收入的泰尔指数有所上升，从 2015 年的 0.0329 扩大到 2016 年的 0.0426。

东北地区单位 PM10 的人均可支配收入的泰尔指数呈 W 形变化，先降后升再降又升。2004—2007 年，东北地区单位 PM10 的人均可支配收入的泰尔指数从 2004 年的 0.0215 下降到 2007 年的 0.0044，差距很快缩小。但 2007 年后东北地区单位 PM10 的人均可支配收入的泰尔指数有所上升，从 2007 年的 0.0044 扩大到 2009 年的 0.0091。2014 年东北地区单位 PM10 的人均可支配收入的泰尔指数下降到 0，此后 2016 年有略反弹到 0.001。

单位 PM10 的人均可支配收入的泰尔指数除西部地区和东北部地区持续下降外，东部地区和中部地区近年来开始出现反弹，说明东部地区、中部地区与西部地区、东北地区开始有所分化。

四板块单位 PM10 的人均可支配收入的泰尔指数东部地区 Te > 西部地区 Tw > 中部地区 Tm > 东北地区 Tne，但 2014 年后西部地区 Tm > 东部地区 Te（见图 2 – 17 和图 2 – 18）。

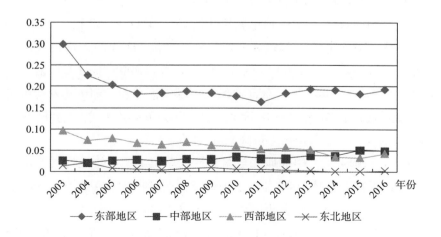

图 2 – 17　四板块单位 PM10 的人均可支配收入的泰尔指数

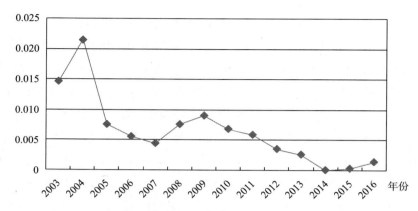

图 2 - 18   东北地区单位 PM10 的人均可支配收入的泰尔指数

2003—2015 年，东部地区与中部地区单位 PM10 的人均可支配收入的泰尔指数差距从 2003 年的 10.47 倍下降到 2015 年的 2.58 倍，差距持续缩小。但 2015 年后东部地区与中部地区单位 PM10 的人均可支配收入的泰尔指数差距迅速拉大，从 2015 年的 2.58 倍迅速拉升到 2016 年的 2.93 倍。

2003—2015 年，西部地区与中部地区单位 PM10 的人均可支配收入的泰尔指数差距从 2003 年的 2.68 倍下降到 2015 年的 -0.35 倍，中部地区单位 PM10 的人均可支配收入的泰尔指数反超西部地区。2015 年后西部地区与中部地区单位 PM10 的人均可支配收入的泰尔指数差距略有缩小，从 2015 年的 -0.35 倍迅速拉升到 2016 年的 -0.13 倍。

2003—2005 年，东部地区与西部地区单位 PM10 的人均可支配收入的泰尔指数差距从 2003 年的 2.11 倍下降到 2005 年的 1.6 倍，差距持续缩小。但 2005 年后东部地区与西部地区单位 PM10 的人均可支配收入的泰尔指数差距迅速拉大，从 2005 年的 1.6 倍迅速拉升到 2014 年的 4.61 倍。2016 年略降到 3.51 倍。

2004—2014 年，中部地区与东北地区单位 PM10 的人均可支配收入的泰尔指数差距从 2004 年的 -0.03 倍上升到 2014 年的 507.63 倍，差距持续扩大。2016 年差距降到 33.13 倍。

总体来看，东部地区、中部地区和西部地区之间的差距在 2013 年前逐渐缩小，2013 年后东部地区、中部地区与西部地区、东北地区之间的差距开始拉大，地区分化加剧（见图 2 - 19）。

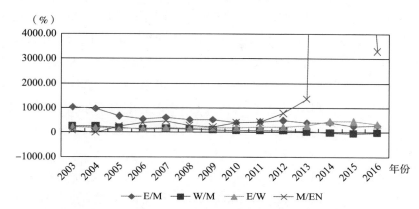

图 2 - 19 四板块单位 PM10 的人均可支配收入的泰尔指数差距

注：E/M、W/M、E/W 和 M/NE 分别是东部地区与中部地区、西部地区与中部地区、东部地区与西部地区、中部地区与东北地区的泰尔指数差距，用百分比来表示。

地区间泰尔指数 T1、东部地区、中部地区、西部地区、东北地区对总的泰尔指数贡献率总体是东部地区大于地区间泰尔指数 T1，T1 大于西部地区，西部地区又大于中部，中部地区大于东北地区。但 2014 年后中部地区泰尔指数贡献率超过西部地区（见图 2 - 20）。

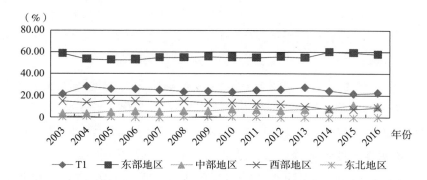

图 2 - 20 T1 和四板块单位 PM10 的人均可支配收入的泰尔指数贡献率

三 基于四板块各省区市单位 PM10 的人均可支配收入与人均 GDP 之比的泰尔指数

基于四板块（东部地区、中部地区、西部地区和东北地区）单位 PM10 的人均可支配收入与人均 GDP 之比的泰尔指数分析地区分化情况。

地区间单位 PM10 的人均可支配收入与人均 GDP 之比的泰尔指数 T1 呈弱 W 形变化，先降后升再降又升。2004—2012 年，地区间单位 PM10 的人均可支配收入与人均 GDP 之比的泰尔指数 T1 从 2004 年的 0.0145 下降到 2012 年的 0.0084，差距逐步缩小。但 2012 年后地区间单位 PM10 的人均可支配收入与人均 GDP 之比的泰尔指数 T1 有所变大，从 2012 年的 0.0084 扩大为 2015 年的 0.0129。2012 年泰尔指数下降到 0.008，此后 2016 年有略反弹到 0.016。

地区内单位 PM10 的人均可支配收入与人均 GDP 之比的泰尔指数持续下降，近年来略有反弹。2003—2011 年，地区内单位 PM10 的人均可支配收入与人均 GDP 之比的泰尔指数 T2 从 2003 年的 0.1256 下降到 2011 年的 0.0896，差距持续缩小。但 2011 年后地区内单位 PM10 的人均可支配收入与人均 GDP 之比的泰尔指数 T2 有所扩大，从 2011 年的 0.0896 扩大到 2016 年的 0.1085。

单位 PM10 的人均可支配收入与人均 GDP 之比的泰尔指数 T 持续下降，近年来略有反弹。2003—2011 年，单位 PM10 的人均可支配收入与人均 GDP 之比的泰尔指数 T 从 2003 年的 0.1359 下降到 2011 年的 0.1，差距持续缩小。但 2011 年后单位 PM10 的人均可支配收入与人均 GDP 之比的泰尔指数 T 有所扩大，从 2011 年的 0.1 扩大到 2016 年的 0.1247。

单位 PM10 的人均可支配收入与人均 GDP 之比的地区间泰尔指数 T1、地区内泰尔指数 T2 和泰尔指数 T 呈 V 形变化，近年来 T、T1 和 T2 均有扩大的趋势。地区内的泰尔指数 T2 大于地区间的泰尔指数 T1，说明地区内不平等远大于地区间不平等（见图 2-21）。

东部地区单位 PM10 的人均可支配收入与人均 GDP 之比的泰尔指数持续下降，近年来略有反弹。2003—2011 年，东部地区单位 PM10 的人均可支配收入与人均 GDP 之比的泰尔指数从 2003 年的 0.2509 下降到 2011 年的 0.1606，差距持续缩小。但 2011 年后东部地区单位 PM10 的人均可支配收入与人均 GDP 之比的泰尔指数有所增大，从 2011 年的 0.1606 提高到 2016 年的 0.1955。

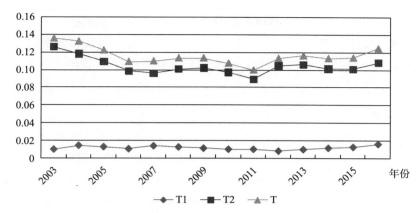

图 2 – 21　单位 PM10 的人均可支配收入与人均 GDP 之比的

泰尔指数（四板块）

注：其中 T1 是地区间单位 PM10 的人均可支配收入与人均 GDP 之比的泰尔指数，T2 是地区内单位 PM10 的人均可支配收入与人均 GDP 之比的泰尔指数，T 是 T1 和 T2 之和，是单位 PM10 的人均可支配收入与人均 GDP 之比的泰尔指数。

中部地区单位 PM10 的人均可支配收入与人均 GDP 之比的泰尔指数持续上升。2004—2015 年，中部地区单位 PM10 的人均可支配收入与人均 GDP 之比的泰尔指数从 2004 年的 0.0207 上升到 2015 年的 0.0571，差距持续扩大。2016 年又回调至 0.0521。

西部地区单位 PM10 的人均可支配收入与人均 GDP 之比的泰尔指数持续下降，近年来略有反弹。2005—2015 年，西部地区单位 PM10 的人均可支配收入与人均 GDP 之比的泰尔指数从 2005 年的 0.0956 下降到 2015 年的 0.0601，差距持续缩小。但 2015 年后西部地区单位 PM10 的人均可支配收入与人均 GDP 之比的泰尔指数有所变大，从 2015 年的 0.0601 扩大到 2016 年的 0.0674。

东北地区单位 PM10 的人均可支配收入与人均 GDP 之比的泰尔指数呈 W 形变化，先降后升再降又升。2004—2007 年，东北地区单位 PM10 的人均可支配收入与人均 GDP 之比的泰尔指数从 2004 年的 0.0475 下降到 2007 年的 0.0175，差距很快缩小。但 2007 年后东北地区单位 PM10 的人均可支配收入与人均 GDP 之比的泰尔指数有所变大，从 2007 年的 0.0175 扩大到 2009 年的 0.023。2013 年泰尔指数下降到 0.004，此后 2016 年又反弹到 0.015。

单位 PM10 的人均可支配收入与人均 GDP 之比的泰尔指数除中部地区有所下降外，东部地区、中部地区和东部地区近年来开始出现反弹，东部地区、西部地区、东北地区与中部地区开始有所分化（见图 2 – 22 和图 2 – 23）。

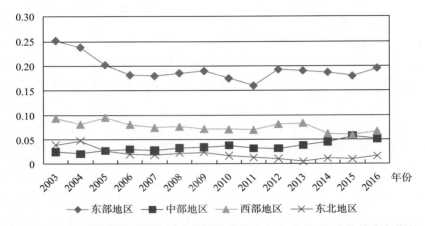

图 2 – 22　四板块单位 PM10 的人均可支配收入与人均 GDP 之比的泰尔指数

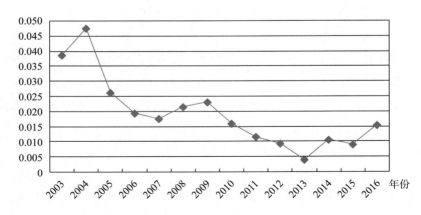

图 2 – 23　东北地区单位 PM10 的人均可支配收入与
人均 GDP 之比的泰尔指数

东部地区单位 PM10 的人均可支配收入与人均 GDP 之比的泰尔指

数 Te > 西部地区 Tw > 中部地区 Tm > 东北地区 Tne，但 2005 年前有过短暂的东北地区 Tne > 中部地区 Tm（见图 2 - 22 和图 2 - 23）。

2004—2015 年，东部地区与中部地区单位 PM10 的人均可支配收入与人均 GDP 之比的泰尔指数差距从 2004 年的 10.47 倍下降到 2015 年的 2.15 倍，差距持续缩小。但 2015 年后东部地区与中部地区单位 PM10 的人均可支配收入与人均 GDP 之比的泰尔指数差距迅速拉大，从 2015 年的 2.15 倍迅速拉升到 2016 年的 2.75 倍。

2004—2015 年，西部地区与中部地区单位 PM10 的人均可支配收入与人均 GDP 之比的泰尔指数差距从 2004 年的 2.93 倍下降到 2015 年的 0.05 倍，差距持续缩小。但 2015 年后西部地区与中部地区单位 PM10 的人均可支配收入与人均 GDP 之比的泰尔指数差距迅速拉大，从 2015 年的 0.05 倍迅速拉升到 2016 年的 0.29 倍。

2004—2005 年，东部地区与西部地区单位 PM10 的人均可支配收入与人均 GDP 之比的泰尔指数差距从 2004 年的 1.92 倍下降到 2005 年的 1.12 倍，差距持续缩小。但 2005 年后东部地区与西部地区单位 PM10 的人均可支配收入与人均 GDP 之比的泰尔指数差距迅速拉大，从 2005 年的 1.12 倍迅速拉升到 2014 年的两倍。2016 年略降到 1.9 倍。

2004—2013 年，中部地区与东北地区单位 PM10 的人均可支配收入与人均 GDP 之比的泰尔指数差距从 2004 年的 - 0.56 倍上升到 2013 年的 8.52 倍，差距持续扩大。2016 年差距略降到 2.39 倍。

总体来看，东部地区、中部地区和西部地区之间的差距在 2015 年前逐渐缩小，2015 年后东部地区、西部地区与中部地区、东北地区之间的差距开始拉大（见图 2 - 24）。

地区间泰尔指数 T1、东部地区、中部地区、西部地区、东北地区对总的泰尔指数贡献率总体是东部地区大于西部地区，西部地区大于地区间泰尔指数 T1，T1 又大于中部地区，中部地区大于东北地区。其中，2013—2015 年中部地区超过地区间泰尔指数 T1（见图 2 - 25）。

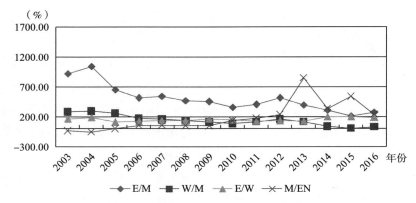

图 2-24   四板块单位 PM10 的人均可支配收入与
人均 GDP 之比的泰尔指数差距

注：E/M、W/M、E/W 和 M/NE 分别是东部地区与中部地区、西部地区与中部地区、东部地区与西部地区、中部地区与东北地区的泰尔指数差距，用百分比来表示。

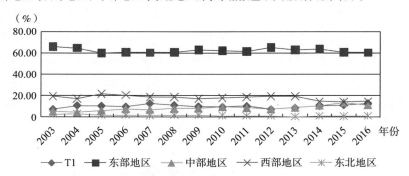

图 2-25   T1 和四板块单位 PM10 的人均可支配收入与人均 GDP 之比的
泰尔指数贡献率

第三节   四板块各省区市单位 PM2.5 的
经济发展情况

PM2.5 比 PM10 更接近环境质量水平，也反映了大众对健康水平的关注。

一   基于四板块各省区市单位 PM2.5 的人均 GDP 的泰尔指数

基于四板块（东部地区、中部地区、西部地区和东北地区）单位

PM2.5 的人均 GDP 的泰尔指数分析地区分化情况。

地区间单位 PM2.5 的人均 GDP 的泰尔指数 T1 呈下降趋势，2003—2016 年，地区间单位 PM2.5 的人均 GDP 的泰尔指数 T1 从 2003 年的 0.0819 下降到 2016 年的 0.0339，差距逐步缩小。

地区内单位 PM2.5 的人均 GDP 的泰尔指数持续下降，近年来略有反弹。2003—2015 年，地区内单位 PM2.5 的人均 GDP 的泰尔指数 T2 从 2003 年的 0.1815 下降到 2015 年的 0.0942，差距持续缩小。但 2015 年后地区内单位 PM2.5 的人均 GDP 的泰尔指数 T2 有所扩大，从 2015 年的 0.0942 扩大到 2016 年的 0.0987。

单位 PM2.5 的人均 GDP 的泰尔指数 T 持续下降，近年来略有反弹。2003—2015 年，单位 PM2.5 的人均 GDP 的泰尔指数 T 从 2003 年的 0.2633 下降到 2015 年的 0.1292，差距持续缩小。但 2015 年后单位 PM2.5 的人均 GDP 的泰尔指数 T 有所扩大，从 2015 年的 0.1292 扩大到 2016 年的 0.1326。

单位 PM2.5 的人均 GDP 的地区间泰尔指数 T1、地区内泰尔指数 T2 和泰尔指数 T 总的趋势是逐渐变小，但近年来 T、T1 和 T2 均有扩大的趋势。地区内泰尔指数 T2 大于地区间泰尔指数 T1，说明地区内不平等远大于地区间不平等（见图 2 - 26）。

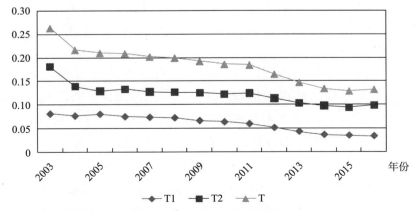

图 2 - 26　单位 PM2.5 的人均 GDP 的泰尔指数（四板块）

注：T1 是地区间单位 PM2.5 的人均 GDP 的泰尔指数，T2 是地区内单位 PM2.5 的人均 GDP 的泰尔指数，T 是 T1 和 T2 之和，是单位 PM2.5 的人均 GDP 的泰尔指数。

东部地区单位 PM2.5 的人均 GDP 的泰尔指数持续下降，近年来略有反弹。2003—2015 年，东部地区单位 PM2.5 的人均 GDP 的泰尔指数从 2003 年的 0.2935 下降到 2015 年的 0.1624，差距持续缩小。但 2015 年后东部地区单位 PM2.5 的人均 GDP 的泰尔指数有所增大，从 2015 年的 0.1624 提高到 2016 年的 0.1669。

中部地区单位 PM2.5 的人均 GDP 的泰尔指数持续下降，近年来略有反弹。2003—2014 年，中部地区单位 PM2.5 的人均 GDP 的泰尔指数从 2003 年的 0.1001 下降到 2014 年的 0.0372，差距持续缩小。但 2014 年后中部地区单位 PM2.5 的人均 GDP 的泰尔指数有所增大，从 2014 年的 0.0372 提高到 2016 年的 0.0407。

西部地区单位 PM2.5 的人均 GDP 的泰尔指数持续下降，近年来略有反弹。2003—2015 年，西部地区单位 PM2.5 的人均 GDP 的泰尔指数从 2003 年的 0.1687 下降到 2015 年的 0.0762，差距持续缩小。但 2015 年后西部地区单位 PM2.5 的人均 GDP 的泰尔指数有所变大，从 2015 年的 0.0762 扩大到 2016 年的 0.0867。

东北地区单位 PM2.5 的人均 GDP 的泰尔指数先升后降，近年来开始反弹。2003—2004 年，东北地区单位 PM2.5 的人均 GDP 的泰尔指数从 2003 年的 0.0204 上升到 2004 年的 0.0359，差距扩大。但 2004 年后东北地区单位 PM2.5 的人均 GDP 的泰尔指数逐渐减小，从 2004 年的 0.0359 下降到 2013 年的 0.0147。后又逐渐反弹至 2016 年的 0.015。

总体趋势是东部地区、中部地区、西部地区和东北地区单位 PM2.5 的人均 GDP 的泰尔指数持续走低，东部地区、西部地区的单位 PM2.5 的人均 GDP 的泰尔指数近年来开始出现反弹（见图 2 - 27 和图 2 - 28），说明东部地区、西部地区与中部地区、东部地区开始有所分化。

在单位 PM2.5 的人均 GDP 的泰尔指数方面，东部地区 Te > 西部地区 Tw > 中部地区 Tm > 东北地区 Tne。说明东部地区单位 PM2.5 的人均 GDP 的地区差距大于西部地区，西部地区又大于中部地区，中部地区则大于东北地区（见图 2 - 28）。

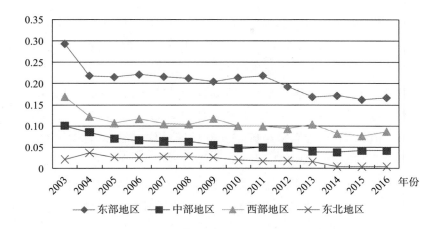

图 2 - 27 四板块单位 PM2.5 的人均 GDP 的泰尔指数

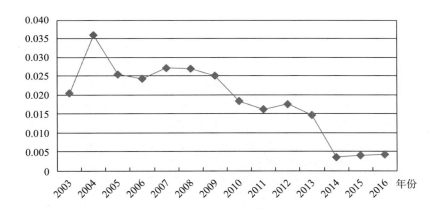

图 2 - 28 东北地区单位 PM2.5 的人均 GDP 的泰尔指数

2004—2010 年，东部地区与中部地区单位 PM2.5 的人均 GDP 的泰尔指数差距从 2004 年的 1.58 倍上升到 2010 年的 3.67 倍，差距持续扩大。但 2010 年后东部地区与中部地区单位 PM2.5 的人均 GDP 的泰尔指数差距缩小，从 2010 年的 3.67 倍迅速下降到 2015 年的 2.94 倍。后有所反弹，2016 年反弹到 3.1 倍。

2004—2013 年，西部地区与中部地区单位 PM2.5 的人均 GDP 的泰尔指数差距从 2004 年的 0.44 倍上升到 2013 年的 1.71 倍，差距持续扩大。但2013年后西部地区与中部地区单位PM2.5的人均GDP的泰尔指数差距缩小,从2013年的1.71倍迅速下降到2015年的0.85倍。后有所反弹,2016年反弹到1.13倍。

2003—2011年,东部地区与西部地区单位PM2.5的人均GDP的泰尔指数差距从2003年的0.74倍上升到2011年的1.22倍,差距持续扩大。但2011年后东部地区与西部地区单位PM2.5的人均GDP的泰尔指数差距缩小,从2011年的1.22倍下降到2016年的0.92倍。

2003—2009年,中部地区与东北地区单位PM2.5的人均GDP的泰尔指数的差距从2003年的3.9倍下降到2009年的1.19倍,差距显著缩小。而2014年差距上升到9.32倍。此后又略降到2016年的1.6倍。

总体来看,东部地区、中部地区和西部地区之间的差距总体在逐渐拉大,地区分化加剧(见图2-29)。

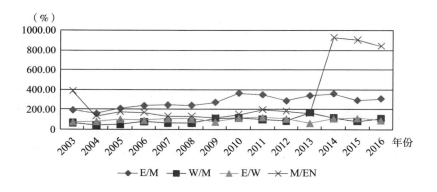

图2-29 四板块单位PM2.5的人均GDP的泰尔指数差距

注:E/M、W/M、E/W和M/NE分别是东部地区与中部地区、西部地区与中部地区、东部地区与西部地区、中部地区与东北地区的泰尔指数差距,用百分比来表示。

地区间泰尔指数T1、东部地区、中部地区、西部地区、东北地区对总的泰尔指数贡献率总体是东部地区大于地区间泰尔指数T1,T1大于西部地区,西部地区又大于中部地区,中部地区大于东北地区(见图2-30)。

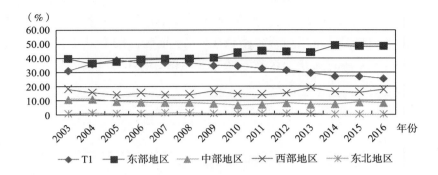

图 2 – 30 T1 和四板块单位 PM2.5 的人均 GDP 的泰尔指数贡献率

二 基于四板块各省区市单位 PM2.5 的人均可支配收入的泰尔指数

基于四板块（东部地区、中部地区、西部地区和东北地区）单位 PM2.5 的人均可支配收入的泰尔指数分析地区分化情况。

地区内单位 PM2.5 的人均 GDP 的泰尔指数持续下降，近年来略有反弹。2005—2015 年，地区间单位 PM2.5 的人均 GDP 的泰尔指数 T1 从 2005 年的 0.0616 下降到 2015 年的 0.026，差距持续缩小。但 2015 年后地区间单位 PM2.5 的人均 GDP 的泰尔指数 T1 有所扩大，从 2015 年的 0.026 扩大到 2016 年的 0.0264。

地区内单位 PM2.5 的人均 GDP 的泰尔指数持续下降，近年来略有反弹。2003—2015 年，地区内单位 PM2.5 的人均 GDP 的泰尔指数 T2 从 2003 年的 0.172 下降到 2015 年的 0.0926，差距持续缩小。但 2015 年后地区内单位 PM2.5 的人均 GDP 的泰尔指数 T2 有所扩大，从 2015 年的 0.0926 扩大到 2016 年的 0.0963。

单位 PM2.5 的人均 GDP 的泰尔指数 T 持续下降，近年来略有反弹。2003—2015 年，单位 PM2.5 的人均 GDP 的泰尔指数 T 从 2003 年的 0.2261 下降到 2015 年的 0.1186，差距持续缩小。但 2015 年后单位 PM2.5 的人均 GDP 的泰尔指数 T 有所扩大，从 2015 年的 0.1186 扩大到 2016 年的 0.1227。

单位 PM2.5 的人均可支配收入的地区间泰尔指数 T1、地区内泰尔指数 T2 和泰尔指数 T 总的趋势是逐渐变小，但近年来 T、T1 和 T2 均有扩大的趋势。地区内泰尔指数 T2 大于地区间的泰尔指数 T1，说明地区内不平等远大于地区间不平等（见图 2 - 31）。

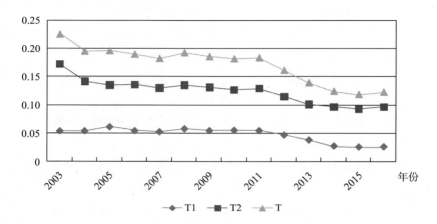

图 2 - 31 单位 PM2.5 的人均可支配收入的泰尔指数（四板块）

注：T1 是地区间单位 PM2.5 的人均可支配收入的泰尔指数，T2 是地区内单位 PM2.5 的人均可支配收入的泰尔指数，T 是 T1 和 T2 之和，是单位 PM2.5 的人均可支配收入的泰尔指数。

东部地区单位 PM2.5 的人均 GDP 的泰尔指数持续下降，近年来略有反弹。2003—2015 年，东部地区单位 PM2.5 的人均 GDP 的泰尔指数从 2003 年的 0.2616 下降到 2015 年的 0.1695，差距持续缩小。但 2015 年后东部地区单位 PM2.5 的人均 GDP 的泰尔指数有所增大，从 2015 年的 0.1695 提高到 2016 年的 0.1746。

中部地区单位 PM2.5 的人均 GDP 的泰尔指数持续下降，近年来略有反弹。2003—2013 年，中部地区单位 PM2.5 的人均 GDP 的泰尔指数从 2003 年的 0.1028 下降到 2013 年的 0.0408，差距持续缩小。但 2013 年后中部地区单位 PM2.5 的人均 GDP 的泰尔指数有所增大，从 2013 年的 0.0408 提高到 2016 年的 0.0455。

西部地区单位 PM2.5 的人均 GDP 的泰尔指数持续下降，近年来略有反弹。2003—2015 年，西部地区单位 PM2.5 的人均 GDP 的泰尔指数从 2003 年的 0.1754 下降到 2015 年的 0.0531，差距持续缩小。

但 2015 年后西部地区单位 PM2.5 的人均 GDP 的泰尔指数有所增大，从 2015 年的 0.0531 提高到 2016 年的 0.063。

　　东北地区单位 PM2.5 的人均 GDP 的泰尔指数先升后降，近年来开始反弹。2003—2004 年，东北地区单位 PM2.5 的人均 GDP 的泰尔指数从 2003 年的 0.0112 上升到 2004 年的 0.02，差距扩大。但 2004 年后东北地区单位 PM2.5 的人均 GDP 的泰尔指数逐渐减小，从 2004 年的 0.02 下降到 2013 年的 0.0068。后又逐渐反弹至 2016 年的 0.007。

　　单位 PM2.5 的人均可支配收入的泰尔指数总体趋势下降，但东部地区和中部地区近年来开始出现反弹，说明东部地区、西部地区与中部地区、东北地区开始有所分化（见图 2-32）。

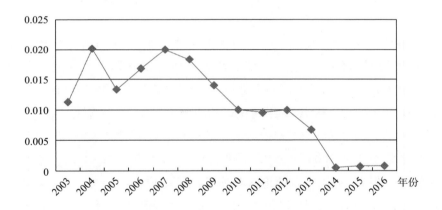

图 2-32　东北地区单位 PM2.5 的人均可支配收入的泰尔指数

　　东部地区单位 PM2.5 的人均可支配收入的泰尔指数 Te > 西部地区 Tw > 中部地区 Tm > 东北地区 Tne，但 2014 年后中部地区 Tm > 东部地区 Te（见图 2-33）。

　　2004—2013 年，东部地区与中部地区单位 PM2.5 的人均 GDP 的泰尔指数差距从 2004 年的 1.52 倍上升到 2013 年的 3.43 倍，差距持续扩大。但 2013 年后东部地区与中部地区单位 PM2.5 的人均 GDP 的泰尔指数差距缩小，从 2013 年的 3.43 倍迅速下降到 2015 年的 2.42 倍。后有所反弹，2016 年反弹到 2.84 倍。

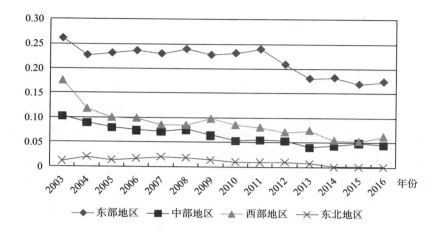

图 2-33　四板块单位 PM2.5 的人均可支配收入的泰尔指数

2003—2015 年，西部地区与中部地区单位 PM2.5 的人均 GDP 的泰尔指数差距从 2003 年的 0.71 倍下降到 2015 年的 0.07 倍，差距持续缩小。但 2015 年后西部地区与中部地区单位 PM2.5 的人均 GDP 的泰尔指数差距有所扩大，从 2015 年的 0.07 倍迅速扩大到 2016 年的 0.39 倍。

2003—2014 年，东部地区与西部地区单位 PM2.5 的人均 GDP 的泰尔指数差距从 2003 年的 0.49 倍上升到 2014 年的 2.31 倍，差距持续扩大。但 2014 年后东部地区与西部地区单位 PM2.5 的人均 GDP 的泰尔指数差距缩小，从 2014 年的 2.31 倍下降到 2016 年的 1.77 倍。

2003—2007 年，中部地区与东北地区单位 PM2.5 的人均 GDP 的泰尔指数差距从 2003 年的 8.15 倍下降到 2007 年的 2.62 倍，差距显著缩小。而 2014 年差距上升到 79.5 倍。此后又略降到 2016 年的 5.04 倍。

总体来看，东部地区、中部地区和西部地区之间的差距在 2013 年前逐渐扩大，2013 年后东部地区、中部地区与西部地区、东北地区之间的差距有缩小的趋势，但差距仍然显著（见图 2-34）。

地区间泰尔指数 T1、东部地区、中部地区、西部地区、东北地区对总的泰尔指数贡献率总体是东部地区大于地区间泰尔指数 T1，T1 大于西部地区，西部地区又大于中部地区，中部地区大于东北地区（见图 2-35）。

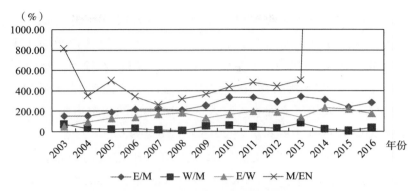

图 2-34 四板块单位 PM2.5 的人均可支配收入的泰尔指数差距

注：E/M、W/M、E/W 和 M/NE 分别是东部地区与中部地区、西部地区与中部地区、东部地区与西部地区、中部地区与东北地区的泰尔指数差距，用百分比来表示。

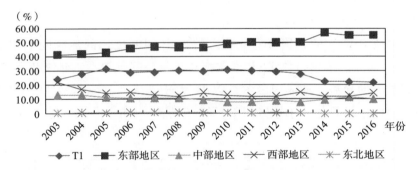

图 2-35 T1 和四板块单位 PM2.5 的人均可支配收入的泰尔指数贡献率

三 基于四板块各省区市单位 PM2.5 的人均可支配收入与人均 GDP 之比的泰尔指数

基于四板块（东部地区、中部地区、西部地区和东北地区）单位 PM2.5 的人均可支配收入与人均 GDP 之比的泰尔指数分析地区分化情况。

地区内单位 PM2.5 的人均可支配收入与人均 GDP 之比的泰尔指数持续下降，近年来略有反弹。2006—2008 年，地区间单位 PM2.5 的人均可支配收入与人均 GDP 之比的泰尔指数 T1 从 2006 年的 0.0235 下降到 2008 年的 0.017，差距持续缩小。但 2008 年后地区间单位 PM2.5 的人均可支配收入与人均 GDP 之比的泰尔指数 T1 有所扩大，从 2008 年的 0.017 扩大到 2016 年的 0.0211。

　　地区内单位 PM2.5 的人均可支配收入与人均 GDP 之比的泰尔指
数持续下降，近年来略有反弹。2003—2015 年，地区内单位 PM2.5
的人均可支配收入与人均 GDP 之比的泰尔指数 T2 从 2003 年的
0.1448 下降到 2015 年的 0.106，差距持续缩小。但 2015 年后地区内
单位 PM2.5 的人均可支配收入与人均 GDP 之比的泰尔指数 T2 有所扩
大，从 2015 年的 0.106 扩大到 2016 年的 0.1095。

　　单位 PM2.5 的人均可支配收入与人均 GDP 之比的泰尔指数 T 持
续下降，近年来略有反弹。2003—2015 年，单位 PM2.5 的人均可支
配收入与人均 GDP 之比的泰尔指数 T 从 2003 年的 0.1661 下降到
2015 年的 0.1262，差距持续缩小。但 2015 年后单位 PM2.5 的人均可
支配收入与人均 GDP 之比的泰尔指数 T 有所扩大，从 2015 年的
0.1262 扩大到 2016 年的 0.1306。

　　单位 PM2.5 的人均可支配收入与人均 GDP 之比的地区间泰尔指
数 T1、地区内泰尔指数 T2 和泰尔指数 T 呈下降趋势，近年来 T 和 T2
均有扩大的趋势。地区内泰尔指数 T2 大于地区间泰尔指数 T1，说明
地区内的不平等远大于地区间不平等（见图 2 – 36）。

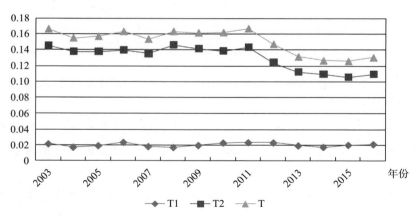

图 2 – 36　单位 PM2.5 的人均可支配收入与人均
GDP 之比的泰尔指数（四板块）

　　注：T1 是地区间单位 PM2.5 的人均可支配收入与人均 GDP 之比的泰尔指数，T2 是地
区内单位 PM2.5 的人均可支配收入与人均 GDP 之比的泰尔指数，T 是 T1 和 T2 之和，是单
位 PM2.5 的人均可支配收入与人均 GDP 之比的泰尔指数。

东部地区单位 PM2.5 的人均可支配收入与人均 GDP 之比的泰尔指数先升后降，近年来开始反弹。2003—2008 年，东部地区单位 PM2.5 的人均可支配收入与人均 GDP 之比的泰尔指数从 2003 年的 0.1904 上升到 2008 年的 0.2428，差距扩大。但 2008 年后东部地区单位 PM2.5 的人均可支配收入与人均 GDP 之比的泰尔指数逐渐减小，从 2008 年的 0.2428 下降为 2015 年的 0.1776。后又逐渐反弹至 2016 年的 0.186。

中部地区单位 PM2.5 的人均可支配收入与人均 GDP 之比的泰尔指数先降后升再降。2003—2013 年，中部地区单位 PM2.5 的人均可支配收入与人均 GDP 之比的泰尔指数从 2003 年的 0.0873 下降到 2013 年的 0.0442，差距持续缩小。但 2013 年后中部地区单位 PM2.5 的人均可支配收入与人均 GDP 之比的泰尔指数有所增大，从 2013 年的 0.0442 提高到 2015 年的 0.0581。2016 年又略降到 0.05。

西部地区单位 PM2.5 的人均可支配收入与人均 GDP 之比的泰尔指数持续下降，近年来略有反弹。2003—2015 年，西部地区单位 PM2.5 的人均可支配收入与人均 GDP 之比的泰尔指数从 2003 年的 0.1866 下降到 2015 年的 0.0807，差距持续缩小。但 2015 年后西部地区单位 PM2.5 的人均可支配收入与人均 GDP 之比的泰尔指数有所增大，从 2015 年的 0.0807 提高到 2016 年的 0.0873。

东北地区单位 PM2.5 的人均可支配收入与人均 GDP 之比的泰尔指数先升后降，近年来开始反弹。2005—2009 年，东北地区单位 PM2.5 的人均可支配收入与人均 GDP 之比的泰尔指数从 2005 年的 0.0043 上升到 2009 年的 0.0003，差距扩大。但 2009 年后东北地区单位 PM2.5 的人均可支配收入与人均 GDP 之比的泰尔指数逐渐减小，从 2009 年的 0.0003 下降到 2016 年的 0.0134。后又逐渐反弹至年的 0。

单位 PM2.5 的人均可支配收入与人均 GDP 之比的泰尔指数除中部地区有所下降外，东部地区、中部地区和东部地区近年来开始出现反弹，东部地区、西部地区、东北地区与中部地区开始有所分化（见图 2 - 37）。

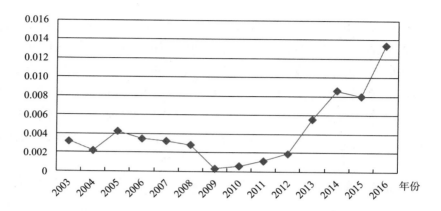

**图 2 - 37 东北地区单位 PM2.5 的人均可支配收入与
人均 GDP 之比的泰尔指数**

东部地区单位 PM2.5 的人均可支配收入与人均 GDP 之比的泰尔
指数 Te > 西部地区 Tw > 中部地区 Tm > 东北地区 Tne（见图 2 - 37 和
图 2 - 38）。

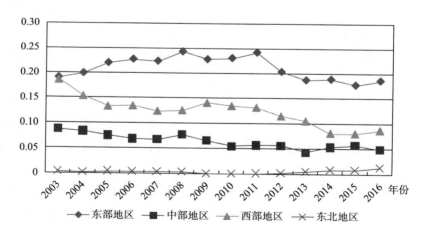

**图 2 - 38 四板块单位 PM2.5 的人均可支配收入与
人均 GDP 之比的泰尔指数**

2003—2013 年，东部地区与中部地区单位 PM2.5 的人均可支配收入与人均 GDP 之比的泰尔指数差距从 2003 年的 1.18 倍上升到 2013 年的 3.23 倍，差距持续扩大。但 2013 年后东部地区与中部地区单位 PM2.5 的人均可支配收入与人均 GDP 之比的泰尔指数差距缩小，从 2013 年的 3.23 倍迅速下降到 2015 年的 2.06 倍。后有所反弹，2016 年反弹到 2.73 倍。

2003—2015 年，西部地区与中部地区单位 PM2.5 的人均可支配收入与人均 GDP 之比的泰尔指数差距从 2003 年的 1.14 倍下降到 2015 年的 0.39 倍，差距持续缩小。但 2015 年后西部地区与中部地区单位 PM2.5 的人均可支配收入与人均 GDP 之比的泰尔指数差距有所扩大，从 2015 年的 0.39 倍迅速扩大到 2016 年的 0.75 倍。

2003—2014 年，东部地区与西部地区单位 PM2.5 的人均可支配收入与人均 GDP 之比的泰尔指数差距从 2003 年的 0.02 倍上升到 2014 年的 1.32 倍，差距持续扩大。但 2014 年后东部地区与西部地区单位 PM2.5 的人均可支配收入与人均 GDP 之比的泰尔指数差距缩小，从 2014 年的 1.32 倍下降到 2016 年的 1.13 倍。

2005—2009 年，中部地区与东北地区单位 PM2.5 的人均可支配收入与人均 GDP 之比的泰尔指数差距从 2005 年的 16.7 倍上升到 2009 年的 201.44 倍，差距持续扩大。但 2009 年后中部地区与东北地区单位 PM2.5 的人均可支配收入与人均 GDP 之比的泰尔指数差距缩小，从 2009 年的 201.44 倍迅速下降到 2016 年的 2.74 倍。

总体来看，东部地区、中部地区和西部地区之间的差距先扩大后缩小，2015 年后东部地区、西部地区与中部地区、东北地区之间的差距又开始拉大（见图 2 - 39）。

地区间泰尔指数 T1、东部地区、中部地区、西部地区、东北地区对总的泰尔指数的贡献率总体是东部地区大于西部地区，西部地区大于地区间泰尔指数 T1，T1 又大于中部地区，中部地区大于东北地区。其中，2003—2005 年和 2007—2008 年中部地区超过地区间泰尔指数 T1（见图 2 - 40）。

四　四板块经济环境的地区发展情况

前面基于环保指标、单位 PM10 和单位 PM2.5 的经济发展的地区分化情况，下面进一步分析经济发展和环境保护方面的地区发展情况。具体做法是利用发展前景和环境质量的几何平均。由于发展前景和环境质量的数值没有正向标准化，故采用两者的省区市在其中的位次的倒数的几何平均来分析经济环境发展情况。

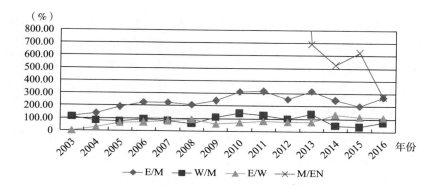

图 2-39　四板块单位 PM2.5 的人均可支配收入与
人均 GDP 之比的泰尔指数差距

注：E/M、W/M、E/W 和 M/NE 分别是东部地区与中部地区、西部地区与中部地区、东部地区与西部地区、中部地区与东北地区的泰尔指数差距，用百分比来表示。

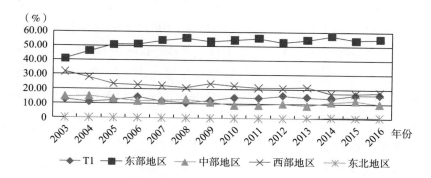

图 2-40　T1 和四板块单位 PM2.5 的人均可支配收入与人均 GDP
之比的泰尔指数贡献率

基于四板块经济环境的泰尔指数分析地区分化情况。

地区间经济环境的泰尔指数 T1 持续下降，近年来略有反弹。2003—

2008 年，地区间经济环境的泰尔指数 T1 从 2003 年的 0.0556 下降到
2008 年的 0.035，差距持续缩小。但 2008 年后地区间经济环境的泰
尔指数 T1 有所扩大，从 2008 年的 0.035 扩大到 2016 年的 0.059。

地区内经济环境的泰尔指数 T2 持续下降，近年来略有反弹。
2003—2005 年，地区内经济环境的泰尔指数 T2 从 2003 年的 0.183 下
降到 2005 年的 0.1715，差距持续缩小。但 2005 年后地区内经济环
境的泰尔指数 T2 有所扩大，从 2005 年的 0.1715 扩大到 2008 年的
0.1919。

经济环境的泰尔指数 T 呈弱 W 形变化，先降后升再降又升。
2003—2004 年，经济环境的泰尔指数 T 从 2003 年的 0.2387 下降到
2004 年的 0.2179，差距逐步缩小。但 2004 年后经济环境的泰尔指数
T 有所变大，从 2004 年的 0.2179 扩大到 2009 年的 0.2367。2014 年
泰尔指数下降到 0.219，此后 2016 年略有反弹到 0.227。

地区间经济环境的泰尔指数 T1、地区内经济环境的泰尔指数 T2
和泰尔指数 T 总的趋势是逐渐变小，但近年来 T、T1 和 T2 均有扩大
的趋势。地区内泰尔指数 T2 大于地区间泰尔指数 T1，说明地区内不
平等远大于地区间不平等（见图 2 - 41）。

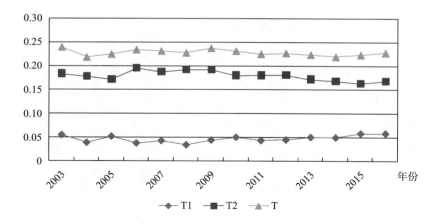

图 2 - 41 经济环境的泰尔指数（四板块）

注：T1 是地区间经济环境的泰尔指数，T2 是地区内经济环境的泰尔指数，T 是 T1 和
T2 之和，是经济环境的泰尔指数。

　　东部地区经济环境的泰尔指数持续上升，近年来略有下降。2004—2009 年，东部地区经济环境的泰尔指数从 2004 年的 0.2721 上升到 2009 年的 0.3141，差距持续扩大。2016 年下降到 0.29。

　　中部地区经济环境的泰尔指数先升后降，近年来开始反弹。2003—2008 年，中部地区经济环境的泰尔指数从 2003 年的 0.0397 上升到 2008 年的 0.1299，差距扩大。但 2008 年后中部地区经济环境的泰尔指数逐渐减小，从 2008 年的 0.1299 下降到 2015 年的 0.03。后又逐渐反弹至 2016 年的 0.032。

　　西部地区经济环境的泰尔指数持续下降，近年来略有反弹。2003—2015 年，西部地区经济环境的泰尔指数从 2003 年的 0.2349 下降到 2015 年的 0.1569，差距持续缩小。但 2015 年后西部地区经济环境的泰尔指数有所变大，从 2015 年的 0.1569 扩大为 2016 年的 0.1716。

　　东北地区经济环境的泰尔指数持续下降，近年来略有反弹。2003—2012 年，东北地区经济环境的泰尔指数从 2003 年的 0.0252 下降到 2012 年的 0.0048，差距持续缩小。但 2012 年后东北地区经济环境的泰尔指数有所变大，从 2012 年的 0.0048 扩大到 2016 年的 0.0143。

　　除东部地区经济环境的泰尔指数持续下降外，中部地区、西部地区经济环境的泰尔指数近年开始出现反弹，而东北地区的经济环境的泰尔指数则持续走高，说明东部地区、西部地区及东北地区开始有所分化（见图 2-42）。

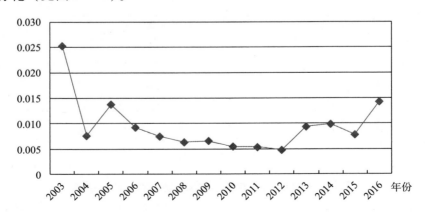

图 2-42　东北地区经济环境的泰尔指数

经济环境的泰尔指数方面，东部地区 Te＞西部地区 Tw＞中部地区 Tm＞东北地区 Tne。说明东部地区经济环境的地区差距大于西部地区，西部地区又大于中部地区，中部地区则大于东北地区（见图 2 – 43）。

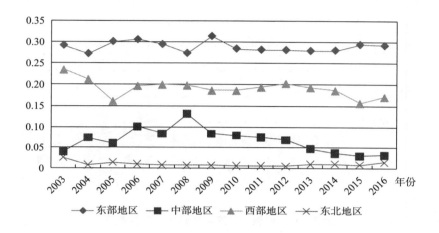

图 2 – 43　四板块经济环境的泰尔指数

2003—2008 年，东部地区与中部地区经济环境的泰尔指数差距从 2003 年的 6.35 倍下降到 2008 年的 1.11 倍，差距持续缩小。但 2008 年后东部地区与中部地区经济环境的泰尔指数差距迅速拉大，从 2008 年的 1.11 倍迅速拉升到 2015 年的 8.81 倍。2016 年略降到 8.19 倍。

2003—2008 年，西部地区与中部地区经济环境的泰尔指数差距从 2003 年的 4.92 倍下降到 2008 年的 0.53 倍，差距持续缩小。但 2008 年后西部地区与中部地区经济环境的泰尔指数差距迅速拉大，从 2008 年的 0.53 倍迅速拉升到 2016 年的 4.4 倍。

2003—2015 年，东部地区与西部地区经济环境的泰尔指数差距从 2003 年的 0.24 倍上升到 2015 年的 0.88 倍，差距持续扩大。2016 年差距略降到 0.7 倍。

2003—2008 年，中部地区与东北地区经济环境的泰尔指数差距从 2003 年的 0.58 倍上升到 2008 年的 19.4 倍，差距持续扩大。2016 年差距下降到 1.23 倍。

    总体来看，东部地区、中部地区和西部地区之间的差距在 2008 年前逐渐缩小，2008 年后东部地区、中部地区和西部地区之间的差距开始拉大，分化加剧。而中部地区与东北地区差距持续缩小，则是因为东北地区泰尔指数持续走高，而中部地区泰尔指数持续走低（见图 2－44）。

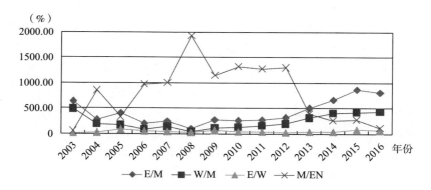

图 2－44 四板块经济环境的泰尔指数差距

    注：E/M、W/M、E/W 和 M/NE 分别是东部地区与中部地区、西部地区与中部地区、东部地区与西部地区、中部地区与东北地区的泰尔指数差距，用百分比来表示。

    地区间泰尔指数 T1、东部地区、中部地区、西部地区、东北地区对总的泰尔指数的贡献率总体是东部地区大于西部地区，西部地区大于地区间泰尔指数 T1，T1 又大于中部地区，中部地区大于东北地区。其中，2005 年、2010 年和 2014—2016 年地区间泰尔指数 T1 超过西部地区（见图 2－45）。

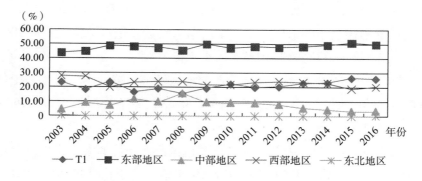

图 2－45 T1 和四板块经济环境的泰尔指数贡献率

第三章　中国地区经济发展现状

第一节　中国地区经济发展现状：四板块

人均GDP是反映地区发展状况较常用的指标，它能够综合反映地区经济增长水平。刘夏明等（2004）认为，人均GDP看起来是验证地区间收入差距演变趋势的较好指标，但不是反映生活水准的最好指标。人均可支配收入和居民消费水平与人均GDP关系密切，由于存在地区间要素转移、转移支付、投资率的差异等情况，人均可支配收入和消费水平与人均GDP之间并不完全一致，而人均可支配收入和居民消费水平可能更能直接反映居民的收入状况，因此，人均可支配收入和居民消费水平也都是反映地区差距的重要指标。我们运用泰尔指数对多种指标进行分析，包括人均GDP、人均可支配收入、居民消费水平、人力资本和劳动生产率等。为了说明地区间和地区内分化情况，本章运用泰尔指数对30个省区市的这几项指标按全国、东部地区、中部地区和西部地区的泰尔指数进行测算，所用指标都是以各省区市1990年为基期的不变价格。其中，人力资本通过各层次受教育人口的不同支出即教育成本法来衡量，具体说明见附录四。劳动生产率及全社会劳动生产率即以1990年为基期的GDP不变价格除以全部劳动力的数量；人均GDP即以1990年为基期的GDP不变价格除以总人口数；人均可支配收入和居民消费水平是利用GDP价格指数平减为以1990年为基期的不变价格。限于篇幅，本章只列出人均GDP和人均可支配收入的泰尔指数的发展现状。

一 基于四板块各省区市人均 GDP 的泰尔指数

基于四板块（东部地区、中部地区、西部地区和东北地区）人均 GDP 的泰尔指数分析地区分化情况。

地区间人均 GDP 的泰尔指数 T1 呈 S 形变化，先上升后下降，然后又上升。1990—2000 年，地区间人均 GDP 的泰尔指数 T1 从 1990 年的 0.0406 扩大到 2000 年的 0.0506，差距有所扩大。2000 年后地区间人均 GDP 的泰尔指数 T1 有所减小，从 2000 年的 0.0506 下降到 2016 年的 0.0224。

地区内人均 GDP 的泰尔指数持续下降，近年来略有反弹。1990—2015 年，地区内人均 GDP 的泰尔指数 T2 从 1990 年的 0.127 下降到 2015 年的 0.0758，差距持续缩小。但 2015 年后地区内人均 GDP 的泰尔指数 T2 有所扩大，从 2015 年的 0.0758 扩大到 2016 年的 0.0761。

人均 GDP 的泰尔指数 T 基本持续下降，后略有反弹。1990—2016 年，人均 GDP 的泰尔指数 T 从 1990 年的 0.1676 下降到 2016 年的 0.0985，差距持续缩小。

人均 GDP 的地区间泰尔指数 T1、地区内泰尔指数 T2 和泰尔指数 T 总的趋势是逐渐变小，虽然地区内泰尔指数 T2 有扩大的趋势。地区内泰尔指数 T2 大于地区间泰尔指数 T1，说明地区内不平等远大于地区间不平等（见图 3 - 1）。

东部地区人均 GDP 的泰尔指数持续下降，近年来略有反弹。1990—2014 年，东部地区人均 GDP 的泰尔指数从 1990 年的 0.2412 下降到 2014 年的 0.1224，差距持续缩小。但 2014 年后东部地区人均 GDP 的泰尔指数有所增大，从 2014 年的 0.1224 提高到 2016 年的 0.1242。

中部地区人均 GDP 的泰尔指数持续下降。1990—2016 年，中部地区人均 GDP 的泰尔指数从 1990 年的 0.0381 下降到 2016 年的 0.0213，差距持续缩小。

西部地区人均 GDP 的泰尔指数持续下降。1990—2016 年，西部地区人均 GDP 的泰尔指数从 1990 年的 0.1176 下降到 2016 年的 0.0813，差距持续缩小。

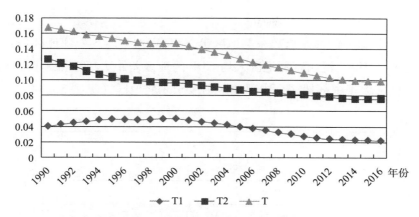

图 3 - 1　人均 GDP 的泰尔指数（四板块）

注：T1 是地区间人均 GDP 的泰尔指数，T2 是地区内人均 GDP 的泰尔指数，T 是 T1 和 T2 之和，是人均 GDP 的泰尔指数。

东北地区人均 GDP 的泰尔指数持续上升。1991—2016 年，东北地区人均 GDP 的泰尔指数从 1991 年的 0. 0015 上升到 2016 年的 0. 0098，差距持续扩大（见图 3 - 2）。

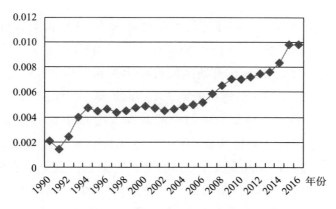

图 3 - 2　东北地区人均 GDP 的泰尔指数

除中部地区人均 GDP 的泰尔指数持续下降外，东部地区人均 GDP 的泰尔指数近年来开始出现反弹，而东北地区人均 GDP 的泰尔指数则持续走高，说明东部地区、西部地区及东北地区开始有所分化。

人均GDP的泰尔指数东部地区Te>西部地区Tw>中部地区Tm>
东北地区Tne。说明东部地区人均GDP的地区差距大于西部地区，西
部地区又大于中部地区，中部地区则大于东北地区（见图3-3）。

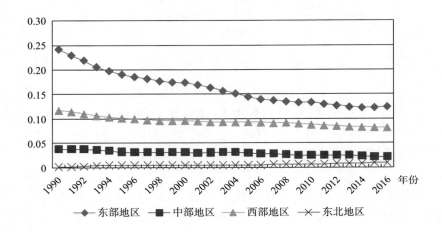

图3-3 四板块人均GDP的泰尔指数

1990—2005年，东部地区与中部地区人均GDP的泰尔指数差距
从1990年的532.29%下降到2005年的381.43%，差距持续缩小。
但2005年后东部地区与中部地区人均GDP的泰尔指数差距迅速拉大，
从2005年的381.43%迅速拉升到2016年的481.87%。

1992—2009年，西部地区与中部地区人均GDP的泰尔指数差距
从1992年的191.64%扩大到2009年的270.37%，差距有所扩大。
2009年后西部地区与中部地区人均GDP的泰尔指数差距有所减小，
从2009年的270.37%下降到2013年的242.04%。此后差距又上升
到2016年的280.71%。

1990—2008年，东部地区与西部地区人均GDP的泰尔指数差距
从1990年的105.12%下降到2008年的46.86%，差距持续缩小。但
2008年后东部地区与西部地区人均GDP的泰尔指数差距有所扩大，
从2008年的46.86%扩大到2016年的52.84%。

1991—2016 年，中部地区与东北地区人均 GDP 的泰尔指数差距从 1991 年的 24.85 倍下降到 2016 年的 1.18 倍，差距持续缩小。

总体来看，东部地区、中部地区和西部地区之间的差距在 2013 年前逐渐缩小，2013 年后东部地区、中部地区和西部地区之间的差距开始拉大，地区分化加剧。而中部地区与东北地区的差距持续缩小，则是因为东北地区的泰尔指数持续走高（见图 3-4）。

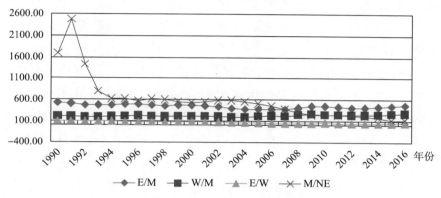

图 3-4 四板块人均 GDP 的泰尔指数差距

注：E/M、W/M、E/W 和 M/NE 分别是东部地区与中部地区、西部地区与中部地区、东部地区与西部地区、中部地区与东北地区的泰尔指数差距，用百分比来表示。

地区间泰尔指数 T1、东部地区、中部地区、西部地区、东北地区对总的泰尔指数贡献率总体是东部大于西部地区，西部又大于中部地区，中部大于东北地区。西部地区贡献率接近地区间泰尔指数 T1 的贡献率（见图 3-5）。

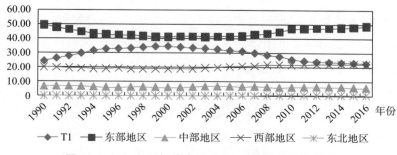

图 3-5 T1 和四板块人均 GDP 的泰尔指数贡献率

二 基于四板块各省区市人均可支配收入的泰尔指数

基于四板块（东部地区、中部地区、西部地区和东北地区）人均可支配收入的泰尔指数分析地区分化情况。

地区间人均可支配收入的泰尔指数 T1 呈 S 形变化，先上升后下降，然后又上升。1990—1995 年，地区间人均可支配收入的泰尔指数 T1 从 1990 年的 0.0226 扩大到 1995 年的 0.0268，差距有所扩大。1995 年后地区间人均可支配收入的泰尔指数 T1 有所减小，从 1995 年的 0.0268 下降到 2015 年的 0.0148，此后 2016 年又略升至 0.0151，差距有所扩大。

地区内人均可支配收入的泰尔指数持续下降，近年来略有反弹。1990—2013 年，地区内人均可支配收入的泰尔指数 T2 从 1990 年的 0.1071 下降到 2013 年的 0.0672，差距持续缩小。但 2013 年后地区内人均可支配收入的泰尔指数 T2 有所扩大，从 2013 年的 0.0672 扩大到 2016 年的 0.0683。

人均可支配收入的泰尔指数 T 基本持续下降，后略有反弹。1992—2014 年，人均可支配收入的泰尔指数 T 从 1992 年的 0.1333 下降到 2014 年的 0.0828，差距持续缩小。2016 年后反弹至 0.0834，差距略有扩大。

人均可支配收入的地区间泰尔指数 T1、地区内泰尔指数 T2 和泰尔指数 T 总的趋势是逐渐变小，虽然地区内泰尔指数 T2 有扩大的趋势。地区内泰尔指数 T2 大于地区间泰尔指数 T1，说明地区内不平等远大于地区间不平等（见图 3 – 6）。

东部地区人均可支配收入的泰尔指数持续下降。1993—2016 年，东部地区人均可支配收入的泰尔指数从 1993 年的 0.1928 下降到 2016 年的 0.1213，差距持续缩小。

中部地区人均可支配收入的泰尔指数持续下降。1995—2012 年，中部地区人均可支配收入的泰尔指数从 1995 年的 0.0383 下降到 2012 年的 0.0241，差距持续缩小。此后逐渐回升到 2016 年的 0.0262，差距略有加大。

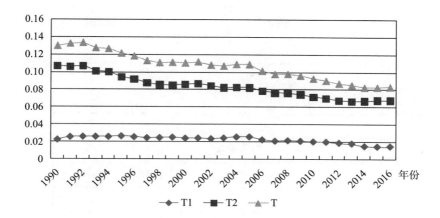

图 3 - 6 人均可支配收入的泰尔指数（四板块）

注：T1 是地区间人均可支配收入的泰尔指数，T2 是地区内人均可支配收入的泰尔指数，T 是 T1 和 T2 之和，是人均可支配收入的泰尔指数。

西部地区人均可支配收入的泰尔指数持续下降，近年来略有反弹。1992—2012 年，西部地区人均可支配收入的泰尔指数从 1992 年的 0.1106 下降到 2012 年的 0.0492，差距持续缩小。但 2012 年后西部地区人均可支配收入的泰尔指数略有变大，从 2012 年的 0.0492 扩大为 2016 年的 0.0541。

东北地区人均可支配收入的泰尔指数经历了先上升后下降。1992—1997 年，东北地区人均可支配收入的泰尔指数从 1992 年的 0.0042 上升到 1997 年的 0.0097，差距持续扩大。此后差距持续缩小，东北地区人均可支配收入的泰尔指数一直下降到 2016 年的 0.0013（见图 3 - 7）。

除中部地区人均可支配收入的泰尔指数持续下降外，东部地区、西部地区人均可支配收入的泰尔指数近年来开始出现反弹，而东北地区人均可支配收入的泰尔指数则持续走高，说明东部地区、西部地区及东北地区开始有所分化。

人均可支配收入的泰尔指数东部地区 Te > 西部地区 Tw > 中部地区 Tm > 东北地区 Tne。说明东部地区人均可支配收入的地区差距大于西部地区，西部地区又大于中部地区，中部地区则大于东北地区

（见图 3 - 8）。

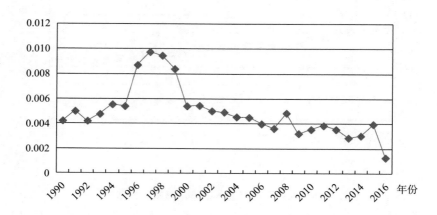

图 3 - 7　东北地区人均可支配收入的泰尔指数

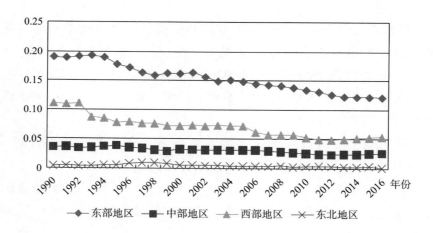

图 3 - 8　四板块人均可支配收入的泰尔指数

　　1992—2006 年，东部地区与中部地区人均可支配收入的泰尔指数差距从 1992 年的 453.46% 下降到 2006 年的 357.64%，差距持续缩小。但 2006 年后东部地区与中部地区人均可支配收入的泰尔指数差距拉大，从 2006 年的 357.64% 迅速拉升到 2011 年的 432.08%。此后下降到 2016 年的 362.0514%。

　　1992—2016 年，西部地区与中部地区人均可支配收入的泰尔指数差距从 1992 年的 2.2 倍下降到 2016 年的 1.06 倍，差距持续缩小。

　　1990—2011 年，东部地区与西部地区人均可支配收入的泰尔指数差距从 1990 年的 72.08% 上升到 2011 年的 162.56%，差距持续扩大。但 2011 年后东部地区与西部地区人均可支配收入的泰尔指数差距有所缩小，从 2011 年的 162.56% 缩小到 2016 年的 124.27%。

　　1990—1998 年，中部地区与东北地区人均可支配收入的泰尔指数差距从 1990 年的 7.55 倍下降到 1998 年的 2.28 倍，差距持续缩小。此后逐渐上升，直至 2016 年上涨 19.6 倍。

　　总体来看，东部地区、中部地区和西部地区之间的差距在 2013 年前逐渐缩小，2013 年后东部地区、中部地区和西部之间的差距开始拉大，分化加剧。而中部地区与东北地区的差距持续缩小，则是因为东北地区泰尔指数持续走高（见图 3 - 9）。

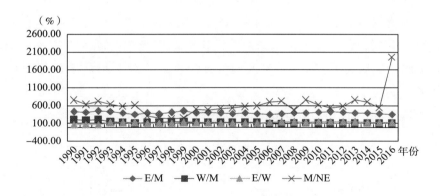

图 3 - 9　四板块人均可支配收入的泰尔指数差距

　　注：E/M、W/M、E/W 和 M/NE 分别是东部地区与中部地区、西部地区与中部地区、东部地区与西部地区、中部地区与东北地区的泰尔指数差距，用百分比来表示。

　　地区间泰尔指数 T1、东部地区、中部地区、西部地区、东北地区对总的泰尔指数贡献率总体是东部地区大于西部地区，西部地区又大于中部地区，中部地区大于东北地区。西部地区贡献率接近地区间泰尔指数 T1 贡献率（见图 3 - 10）。

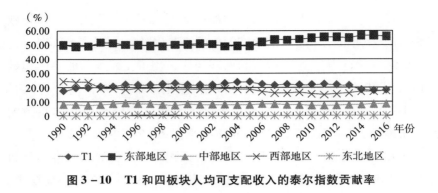

图 3 - 10   T1 和四板块人均可支配收入的泰尔指数贡献率

第二节   中国地区经济发展现状：东部 地区、中部地区和西部地区

1990—2016 年全国的人均 GDP、人均可支配收入、居民消费水平、人力资本和劳动生产率的泰尔指数见图 3 - 11。从图 3 - 11 中我们可以看到，各指标的泰尔指数大致排列顺序为 T 劳动生产率 > T 人均 GDP > T 居民消费水平 > T 人均可支配收入。而 T 人力资本从 1990 年的最高位，围绕 T 人均 GDP 和 T 居民消费水平波动，到 2016 年 T 人力资本则位于 T 人均 GDP 和 T 居民消费水平之间。

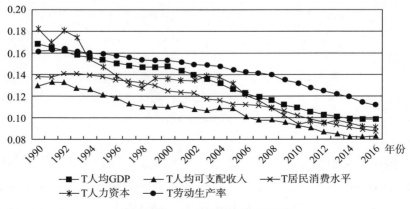

图 3 - 11   各个指标的泰尔指数

注：T 表示泰尔指数，T 人均 GDP 表示人均 GDP 的泰尔指数。其他类似。

从图 3 - 11 中可知，1990—2016 年，T 劳动生产率、T 人均 GDP、T 人力资本、T 居民消费水平和 T 人均可支配收入基本呈下降趋势，其中 T 人均 GDP 和 T 人均可支配收入则在 2015 年开始有提高的趋势，即人均 GDP 和人均可支配收入两者出现地区分化的趋势。

为了了解各个指标的地区内和地区间及东部地区、中部地区、西部地区泰尔指数走势，下面将各指标的地区内、地区间和总的泰尔指数，以及东部地区、中部地区、西部地区的泰尔指数进行分析。

一　省区市人均 GDP 的泰尔指数

经过分析发现，地区间人均 GDP 的泰尔指数 T1 先升后降。1990—2000 年，地区间人均 GDP 的泰尔指数 T1 从 1990 年的 0.0288 扩大到 2000 年的 0.0418，差距有所扩大。2000 年后地区间人均 GDP 的泰尔指数 T1 有所减小，从 2000 年的 0.0418 下降到 2016 年的 0.0155。

地区内人均 GDP 的泰尔指数持续下降，近年来略有反弹。1990—2015 年，地区内人均 GDP 的泰尔指数 T2 从 1990 年的 0.1388 下降到 2015 年的 0.0826，差距持续缩小。但 2015 年后地区内人均 GDP 的泰尔指数 T2 有所扩大，从 2015 年的 0.0826 扩大到 2016 年的 0.0831。

人均 GDP 的泰尔指数 T 基本持续下降，后略有反弹。1990—2015 年，人均 GDP 的泰尔指数 T 从 1990 年的 0.1676 下降到 2015 年的 0.0986，差距持续缩小。但 2015 年后人均 GDP 的泰尔指数 T 有所扩大，从 2015 年的 0.0986 扩大到 2016 年的 0.0988。

人均 GDP 的地区间泰尔指数 T1、地区内泰尔指数 T2 和泰尔指数 T 总的趋势是逐渐变小，但近年来均出现地区分化趋势。地区内泰尔指数 T2 大于地区间泰尔指数 T1，说明地区内不平等远大于地区间不平等（见图 3 - 12）。

东部地区人均 GDP 的泰尔指数持续下降，近年来略有反弹。1990—2014 年，东部地区人均 GDP 的泰尔指数从 1990 年的 0.2191 下降到 2014 年的 0.1132，差距持续缩小。但 2014 年后东部地区人均 GDP 的泰尔指数有所增大，从 2014 年的 0.1132 提高到 2016 年的 0.1149。

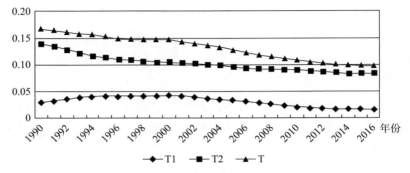

0.20

0.15

0.10

0.05

0
1990 1992 1994 1996 1998 2000 2002 2004 2006 2008 2010 2012 2014 2016 年份

◆ T1   ■ T2   ▲ T

图 3 - 12　人均 GDP 的泰尔指数

注: T1 是地区间人均 GDP 的泰尔指数, T2 是地区内人均 GDP 的泰尔指数, T 是 T1 和 T2 之和, 是人均 GDP 的泰尔指数。

中部地区人均 GDP 的泰尔指数持续下降。1990—2016 年, 中部地区人均 GDP 的泰尔指数从 1990 年的 0.0676 下降到 2016 年的 0.0425, 差距持续缩小。

西部地区人均 GDP 的泰尔指数持续下降。1990—2016 年, 西部地区人均 GDP 的泰尔指数从 1990 年的 0.1176 下降到 2016 年的 0.0813, 差距持续缩小。

中部地区、西部地区人均 GDP 的泰尔指数持续下降, 东部地区的人均 GDP 的泰尔指数近年开始出现反弹, 说明东部地区和中部地区、西部地区开始出现地区分化。

东部地区人均 GDP 的泰尔指数 Te > 西部地区人均 GDP 的泰尔指数 Tw > 中部地区人均 GDP 的泰尔指数 Tm。说明东部地区人均 GDP 的地区差距大于西部地区, 西部地区又大于中部地区 (见图 3 - 13)。

1990—2013 年, 东部地区与中部地区人均 GDP 的泰尔指数差距从 1990 年的 223.9% 下降到 2013 年的 144.14%, 差距持续缩小。但 2013 年后东部地区与中部地区人均 GDP 的泰尔指数差距迅速拉大, 从 2013 年的 144.14% 迅速拉升到 2016 年的 170.17%。

1991—2009 年, 西部地区与中部地区人均 GDP 的泰尔指数差距从 1991 年的 69.79% 扩大到 2009 年的 91.6%, 差距有所扩大。2009 年后西部地区与中部地区人均 GDP 的泰尔指数差距有所减小, 从

2009 年的 91.6% 下降到 2013 年的 77.29%。此后差距又上升到 2016
年的 91.13%。

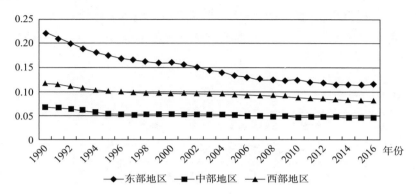

图 3-13　东部地区、中部地区和西部地区人均 GDP 的泰尔指数

1990—2008 年，东部地区与西部地区人均 GDP 的泰尔指数的差
距从 1990 年的 86.32% 下降到 2008 年的 34.97%，差距持续缩小。
但 2008 年后东部地区与西部地区人均 GDP 的泰尔指数的差距有所扩
大，从 2008 年的 34.97% 扩大到 2016 年的 41.35%。

总体来看，东部地区、中部地区和西部地区之间的差距在 2013
年前逐渐缩小，2013 年后东部地区、中部地区和西部地区之间的差距
开始拉大（见图 3-14）。

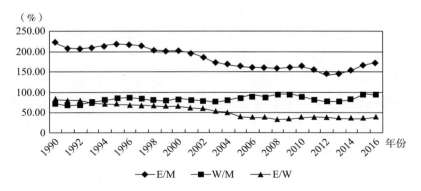

图 3-14　东部地区、中部地区和西部地区人均 GDP 的泰尔指数差距

注：E/M、W/M 和 E/W 分别是东部地区与中部地区、西部地区与中部地区、东部地区
与西部地区的泰尔指数差距，用百分比来表示。

地区间泰尔指数 T1、东部地区、中部地区、西部地区对总的泰尔指数贡献率总体是东部地区大于西部地区，西部地区又大于中部地区，地区间泰尔指数 T1 在 1992—2008 年大于西部地区贡献率，其他年份小于西部地区贡献率，但大于中部地区泰尔指数贡献率（见图 3-15）。

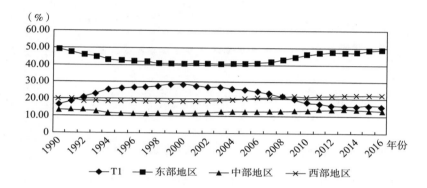

图 3-15　T1、东部地区、中部地区和西部地区对人均 GDP 的泰尔指数贡献率

地区间人均可支配收入的泰尔指数 T1 基本保持水平状况，先上升后下降。1990—1995 年，地区间人均可支配收入的泰尔指数 T1 从 1990 年的 0.0149 扩大到 1995 年的 0.0207，差距有所扩大。1995 年后地区间人均可支配收入的泰尔指数 T1 有所减小，从 1995 年的 0.0207 下降到 2016 年的 0.0099。

地区内人均可支配收入的泰尔指数持续下降，近年来略有反弹。1992—2014 年，地区内人均可支配收入的泰尔指数 T2 从 1992 年的 0.1155 下降到 2014 年的 0.0719，差距持续缩小。但 2014 年后地区内人均可支配收入的泰尔指数 T2 有所扩大，从 2014 年的 0.0719 扩大到 2016 年的 0.0729。

人均可支配收入的泰尔指数 T 基本持续下降，后略有反弹。1992—2014 年，人均可支配收入的泰尔指数 T 从 1992 年的 0.1333 下降到 2014 年的 0.0828，差距持续缩小。但 2014 年后人均可支配收入的泰尔指数 T 略有扩大，从 2014 年的 0.08276 扩大到 2016 年的 0.08282。

人均可支配收入的地区间泰尔指数 T1、地区内泰尔指数 T2 和泰尔指数 T 总的趋势是逐渐变小，但近年来均出现地区分化趋势。地区内的泰尔指数 T2 大于地区间泰尔指数 T1，说明地区内不平等远大于地区间不平等（见图 3 - 16）。

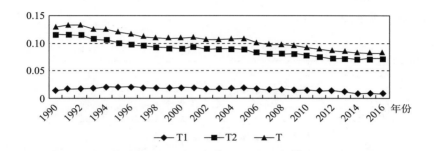

图 3 - 16 人均可支配收入的泰尔指数

注：T1 是地区间人均可支配收入的泰尔指数，T2 是地区内人均可支配收入的泰尔指数，T 是 T1 和 T2 之和，是人均可支配收入的泰尔指数。

东部地区人均可支配收入的泰尔指数持续下降，近年来略有反弹。1993—2014 年，东部地区人均可支配收入的泰尔指数从 1993 年的 0.1765 下降到 2014 年的 0.1126，差距持续缩小。但 2014 年后东部地区人均可支配收入的泰尔指数有所增大，从 2014 年的 0.1126 提高到 2016 年的 0.1138。

中部地区人均可支配收入的泰尔指数持续下降。1991—2016 年，中部地区人均可支配收入的泰尔指数从 1991 年的 0.0571 下降到 2016 年的 0.0344，差距持续缩小。

西部地区人均可支配收入的泰尔指数持续下降，近年来略有反弹。1992—2012 年，西部地区人均可支配收入的泰尔指数从 1992 年的 0.1106 下降到 2012 年的 0.0492，差距持续缩小。但 2012 年后西部地区人均可支配收入的泰尔指数有所拉大，从 2012 年的 0.0492 提升到 2016 年的 0.055。

除中部地区人均可支配收入的泰尔指数持续下降外，东部地区和西部地区人均可支配收入的泰尔指数近年开始出现反弹，说明东部地区和西部地区开始有所分化。

东部地区人均可支配收入的泰尔指数 Te > 西部地区人均可支配收入的泰尔指数 Tw > 中部地区人均可支配收入的泰尔指数 Tm。说明东部地区人均可支配收入的地区差距大于西部地区，西部地区又大于中部地区（见图 3 – 17）。

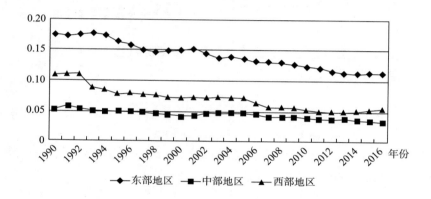

图 3 – 17　东部地区、中部地区和西部地区人均可支配收入的泰尔指数

1991—2000 年，东部地区与中部地区人均可支配收入的泰尔指数差距从 1991 年的 200.73% 上升到 2000 年的 263.08%，差距扩大。但 2000 年后东部地区与中部地区人均可支配收入的泰尔指数差距缩小，从 2000 年的 263.08% 下降到 2013 年的 198.12%。此后又有所反弹，2016 年反弹到 230.75%。

1990—2011 年，西部地区与中部地区人均可支配收入的泰尔指数差距从 1990 年的 103.99% 下降到 2011 年的 30.13%，差距持续缩小。但 2011 年后西部地区与中部地区人均可支配收入的泰尔指数差距有所扩大，从 2011 年的 30.13% 扩大到 2016 年的 59.73%。

1990—2011 年，东部地区与西部地区人均可支配收入的泰尔指数差距从 1990 年的 141.85% 上升到 2011 年的 141.85%，差距持续扩大。但 2011 年后东部地区与西部地区人均可支配收入的泰尔指数差距有所缩小，从 2011 年的 141.85% 下降到 2016 年的 107.07%。

　　总体来看，东部地区、西部地区和中部地区之间的差距在 2011 年前逐渐缩小，2011 年后东部地区、西部地区和中部地区之间的差距开始拉大，地区分化较为显著（见图 3 - 18）。

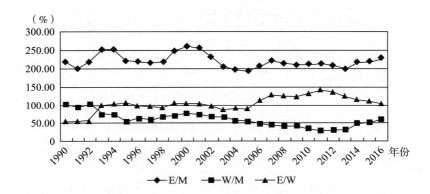

图 3 - 18　东部地区、中部地区和西部地区人均可支配收入的泰尔指数差距

　　注：E/M、W/M 和 E/W 分别是东部地区与中部地区、西部地区与中部地区、东部地区与西部地区的泰尔指数的差距，用百分比来表示。

　　地区间泰尔指数 T1、东部地区、中部地区、西部地区对总的泰尔指数贡献率总体是东部地区大于西部地区，西部地区又大于中部地区，地区间泰尔指数 T1 在 1993—2013 年大于中部地区贡献率，其他年份小于中部地区贡献率，地区间泰尔指数 T1 仅在 2006—2012 年大于西部地区泰尔指数贡献率，其他年份则低于西部地区泰尔指数贡献率（见图 3 - 19）。

二　以 1978 年为基期省区市人均 GDP 的泰尔指数

　　以 1978 年为基期的人均 GDP 的泰尔指数分析地区分化情况。

　　地区间人均 GDP 的泰尔指数 T1 呈 S 形变化，先上升后下降，然后又上升。1983—2000 年，地区间人均 GDP 的泰尔指数 T1 从 1983 年的 0.0371 扩大到 2000 年的 0.0559，差距有所扩大。2000 年后地区间人均 GDP 的泰尔指数 T1 有所减小，从 2000 年的 0.0559 下降到 2014 年的 0.022。

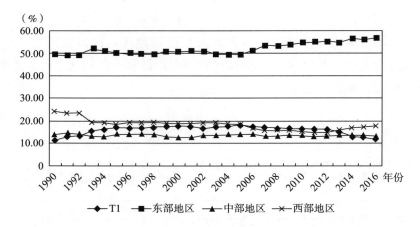

**图 3 − 19 T1、东部地区、中部地区和西部地区对人均可支配
收入的泰尔指数贡献率**

地区内人均 GDP 的泰尔指数持续下降，近年来略有反弹。1978—
2015 年，地区内人均 GDP 的泰尔指数 T2 从 1978 年的 0.2012 下降到
2015 年的 0.1067，差距持续缩小。但 2015 年后地区内人均 GDP 的泰
尔指数 T2 有所扩大，从 2015 年的 0.1067 扩大到 2016 年的 0.1078。

人均 GDP 的泰尔指数 T 基本持续下降，后略有反弹。1978—2015
年，人均 GDP 的泰尔指数 T 从 1978 年的 0.2403 下降到 2015 年的
0.1289，差距持续缩小。但 2015 年后人均 GDP 的泰尔指数 T 有所扩
大，从 2015 年的 0.1289 扩大到 2016 年的 0.1301。

人均 GDP 的地区间泰尔指数 T1、地区内泰尔指数 T2 和泰尔指数
T 总的趋势是逐渐变小，但近年来均出现地区分化趋势。地区内泰尔
指数 T2 大于地区间泰尔指数 T1，说明地区内不平等远大于地区间不
平等（见图 3 − 20）。

东部地区人均 GDP 的泰尔指数持续下降，近年来略有反弹。
1978—2014 年，东部地区人均 GDP 的泰尔指数从 1978 年的 0.3468
下降到 2014 年的 0.1509，差距持续缩小。但 2014 年后东部地区人均
GDP 的泰尔指数有所增大，从 2014 年的 0.1509 提高到 2016 年
的 0.1541。

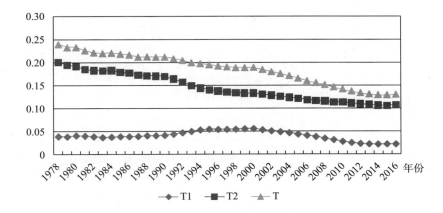

图 3 – 20 人均 GDP 的泰尔指数（以 1978 年为基期）

注：T1 是地区间人均 GDP 的泰尔指数，T2 是地区内人均 GDP 的泰尔指数，T 是 T1 和 T2 之和，是人均 GDP 的泰尔指数。

中部地区人均 GDP 的泰尔指数持续下降。1978—2016 年，中部地区人均 GDP 的泰尔指数从 1978 年的 0.0769 下降到 2016 年的 0.0437，差距持续缩小。

西部地区人均 GDP 的泰尔指数持续下降，近年来略有反弹。1978—2015 年，西部地区人均 GDP 的泰尔指数从 1978 年的 0.1572 下降到 2015 年的 0.1106，差距持续缩小。但 2015 年后西部地区人均 GDP 的泰尔指数略有变大，从 2015 年的 0.1106 扩大到 2016 年的 0.1113。

除中部地区人均 GDP 的泰尔指数持续下降外，东部地区和西部地区人均 GDP 的泰尔指数近年来开始出现反弹，说明东部地区和西部地区开始有所分化。

东部地区人均 GDP 的泰尔指数 Te > 西部地区人均 GDP 的泰尔指数 Tw > 中部地区人均 GDP 的泰尔指数 Tm。说明东部地区人均 GDP 的地区差距大于西部地区，西部地区又大于中部地区（见图 3 – 21）。

1981—2013 年，东部地区与中部地区人均 GDP 的泰尔指数差距从 1981 年的 394.59% 下降到 2013 年的 213.84%，差距持续缩小。但 2013 年后东部地区与中部地区人均 GDP 的泰尔指数差距迅速拉大，从 2013 年的 213.84% 迅速拉升到 2016 年的 252.83%。

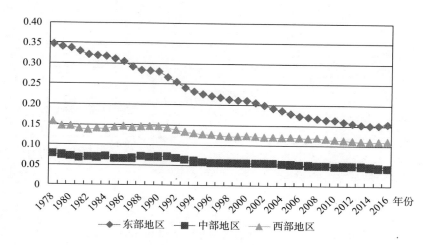

**图 3 - 21 东部地区、中部地区和西部地区人均 GDP 的
泰尔指数（以 1978 年为基期）**

1982—2009 年，西部地区与中部地区人均 GDP 的泰尔指数差距从 1982 年的 97.7% 扩大到 2009 年的 140.88%，差距有所扩大。2009 年后西部地区与中部地区人均 GDP 的泰尔指数差距有所减小，从 2009 年的 140.88% 下降到 2013 年的 129.23%。此后差距又上升到 2016 年的 154.57%。

1981—2014 年，东部地区与西部地区人均 GDP 的泰尔指数差距从 1981 年的 135.15% 下降到 2014 年的 36.19%，差距持续缩小。但 2014 年后东部地区与西部地区人均 GDP 的泰尔指数差距有所扩大，从 2014 年的 36.19% 扩大到 2016 年的 38.6%。

总体来看，东部地区、中部地区和西部地区之间的差距在 2013 年前逐渐缩小，2013 年后东部地区、中部地区和西部地区之间的差距开始拉大，地区分化较为显著（见图 3 - 22）。

地区间泰尔指数 T1、东部地区、中部地区、西部地区对总的泰尔指数贡献率总体是东部地区大于西部地区，西部地区又大于中部地区，地区间泰尔指数 T1 在 1991—2008 年大于西部地区贡献率，其他年份小于西部地区贡献率，但大于中部地区泰尔指数贡献率（见图 3 - 23）。

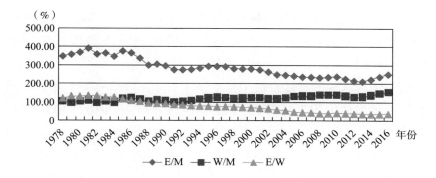

图 3-22 东部地区、中部地区和西部地区人均 GDP 的泰尔指数差距
（以 1978 年为基期）

注：E/M、W/M 和 E/W 分别是东部地区与中部地区、西部地区与中部地区、东部地区
与西部地区的泰尔指数差距，用百分比来表示。

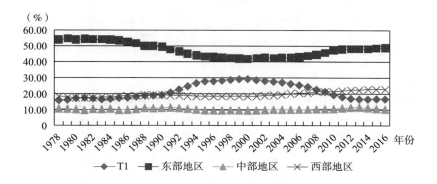

图 3-23 T1、东部地区、中部地区和西部地区对人均 GDP 的泰尔指数
贡献率（以 1978 年为基期）

三 省区市居民消费水平的泰尔指数

基于居民消费水平的泰尔指数分析地区分化情况。

地区间居民消费水平的泰尔指数 T1 先上升后下降。1991—1999
年，地区间居民消费水平的泰尔指数 T1 从 1991 年的 0.0134 扩大到
1999 年的 0.0292，差距有所扩大。1999 年后地区间居民消费水平的
泰尔指数 T1 有所减小，从 1999 年的 0.0292 下降到 2016 年的
0.0131。

地区内居民消费水平的泰尔指数持续下降。1992—2016 年，地区内居民消费水平的泰尔指数 T2 从 1992 年的 0.1255 下降到 2016 年的 0.075，差距持续缩小。

居民消费水平的泰尔指数 T 基本持续下降。1993—2016 年，居民消费水平的泰尔指数 T 从 1993 年的 0.1404 下降到 2016 年的 0.088，差距持续缩小。

居民消费水平的地区间泰尔指数 T1、地区内泰尔指数 T2 和泰尔指数 T 总的趋势是逐渐变小。地区内泰尔指数 T2 大于地区间泰尔指数 T1，说明地区内不平等远大于地区间不平等（见图 3-24）。

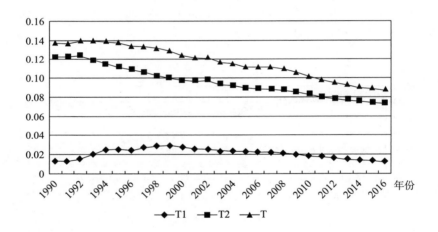

图 3-24 居民消费水平的泰尔指数

注：T1 是地区间居民消费水平的泰尔指数，T2 是地区内居民消费水平的泰尔指数，T 是 T1 和 T2 之和，是居民消费水平的泰尔指数。

东部地区居民消费水平的泰尔指数持续下降。1993—2016 年，东部地区居民消费水平的泰尔指数从 1993 年的 0.193 下降到 2016 年的 0.1144，差距持续缩小。

中部地区居民消费水平的泰尔指数持续下降。1992—2016 年，中部居民消费水平的泰尔指数从 1992 年的 0.0769 下降到 2016 年的 0.0372，差距持续缩小。

西部地区居民消费水平的泰尔指数持续下降，近年来略有反弹。1990—2012 年，西部地区居民消费水平的泰尔指数从 1990 年的 0.1209 下降到 2012 年的 0.0522，差距持续缩小。但 2012 年后西部地区居民消费水平的泰尔指数有所拉大，从 2012 年的 0.0522 提升到 2016 年的 0.0583。

东部地区和中部地区居民消费水平的泰尔指数持续下降，但西部地区居民消费水平的泰尔指数近年开始出现反弹，说明西部地区居民消费水平方面开始有所分化。

东部地区居民消费水平的泰尔指数 Te > 西部地区居民消费水平的泰尔指数 Tw > 中部地区居民消费水平的泰尔指数 Tm。说明东部地区居民消费水平的地区差距大于西部地区，西部地区又大于中部地区（见图 3 - 25）。

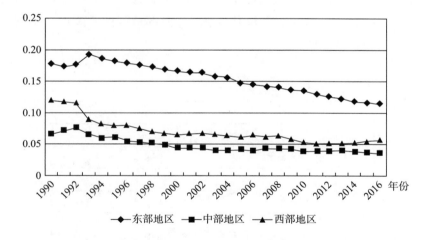

图 3 - 25　东部地区、中部地区和西部地区居民消费水平的泰尔指数

东部地区与中部地区差距总体呈倒"U"形变化。1992—2003 年，东部与中部地区居民消费水平的泰尔指数差距从 1992 年的 128.86% 扩大到 2003 年的 286.07%，差距显著扩大。2003 年后东部地区与中部地区居民消费水平的泰尔指数差距有所减小，从 2003 年的 286.07% 下降到 2016 年的 207.85%。

西部地区与中部地区的差距呈 W 形变化。1990—1995 年，西部地区与中部地区居民消费水平的泰尔指数差距从 1990 年的 81.14% 下降到 1995 年的 30.67%，差距有所缩小。但 1995 年后西部地区与中部地区居民消费水平的泰尔指数差距有所上升，从 1995 年的 57.67% 上升到 2003 年的 30.67%。此后又下降到 2013 年的 35.48%，近几年差距又抬升到 2016 年的 56.94%。

东部地区与西部地区差距总体呈倒"U"形变化。1991—2000 年，东部地区与西部地区居民消费水平的泰尔指数差距从 1991 年的 46.21% 扩大到 2000 年的 155.27%，差距有所扩大。2000 年后东部地区与西部地区居民消费水平的泰尔指数差距有所减小，从 2000 年的 155.27% 下降到 2016 年的 96.15%。

总体来看，东部地区、西部地区和中部地区的地区之间消费水平的差距在 2013 年前逐渐缩小，2013 年后西部地区和中部地区之间的差距开始拉大，但东部地区和中部地区、西部地区的差距近几年则有所减小（见图 3 – 26）。

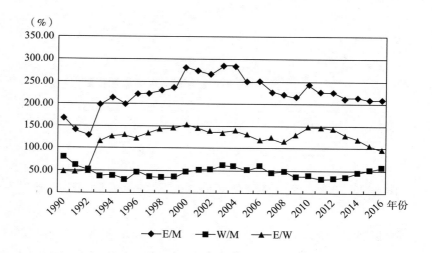

图 3 – 26　东部地区、中部地区和西部地区居民消费水平的泰尔指数差距

注：E/M、W/M 和 E/W 分别是东部地区与中部地区、西部地区与中部地区、东部地区与西部地区的泰尔指数差距，用百分比来表示。

地区间泰尔指数 T1、东部地区、中部地区、西部地区对总的泰尔指数贡献率总体是东部地区大于西部地区，西部地区又大于中部地区，地区间泰尔指数 T1 在 1994—2016 年大于中部地区贡献率，其他年份小于中部地区贡献率，地区间泰尔指数 T1 在 1994—2013 年间大于西部泰尔指数贡献率，其他年份则低于西部地区泰尔指数贡献率（见图 3 - 27）。

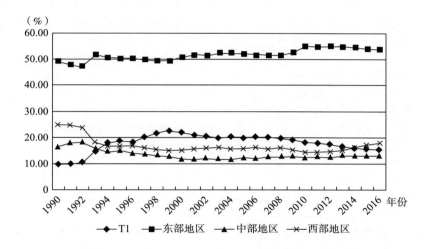

图 3 - 27　T1、东部地区、中部地区和西部地区对居民消费

水平的泰尔指数贡献率

四　省区市恩格尔系数的泰尔指数

基于恩格尔系数的泰尔指数分析地区分化情况。

地区间恩格尔系数的泰尔指数 T1 比较平缓，近年来开始下降。1990—2008 年，地区间恩格尔系数的泰尔指数 T1 从 1990 年的 0.0116 慢慢上升到 2008 年的 0.013，差距略有扩大。2008 年后地区间恩格尔系数的泰尔指数 T1 差距又略有减小，从 2008 年的 0.013 下降到 2016 年的 0.0115。

地区内恩格尔系数的泰尔指数持续下降，近年来略有反弹。1990—2014 年，地区内恩格尔系数的泰尔指数 T2 从 1990 年的 0.0792 下降到 2014 年的 0.0677，差距持续缩小。但 2014 年后地区内恩格尔系数的泰尔指数 T2 又略有扩大，从 2014 年的 0.0677 扩大到 2016 年的 0.071。

恩格尔系数的泰尔指数 T 基本有所下降，后略有反弹。1990—2013 年，恩格尔系数的泰尔指数 T 从 1990 年的 0.0908 下降到 2013 年的 0.0791，差距有所缩小。但 2013 年后恩格尔系数的泰尔指数 T 又略有扩大，从 2013 年的 0.0791 扩大到 2016 年的 0.0817。

恩格尔系数的地区间泰尔指数 T1、地区内泰尔指数 T2 和泰尔指数 T 总的趋势是逐渐变小，但近年来均出现地区分化趋势。地区内泰尔指数 T2 大于地区间泰尔指数 T1，说明地区内不平等远大于地区间不平等（见图 3 - 28）。

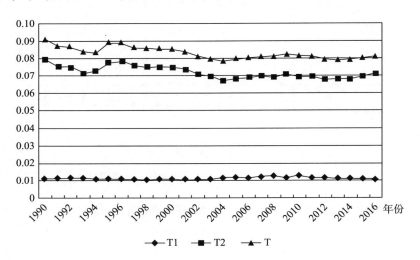

图 3 - 28　恩格尔系数的泰尔指数

注：T1 是地区间恩格尔系数的泰尔指数，T2 是地区内恩格尔系数的泰尔指数，T 是 T1 和 T2 之和，是恩格尔系数的泰尔指数。

东部地区恩格尔系数的泰尔指数总体缓慢下降，近年来略有反弹。1990—1994 年，东部地区恩格尔系数的泰尔指数从 1990 年的 0.1166 下降到 1994 年的 0.0937，差距显著缩小。但 1994 年后东部地区恩格尔系数的泰尔指数变大，从 1994 年的 0.0937 提高到 1996 年的 0.1108。后下降到 2014 年的 0.0975，后上升到 2016 年的 0.0993。

中部地区恩格尔系数的泰尔指数持续下降。1994—2013 年，中部地区恩格尔系数的泰尔指数 1994 年的 0.0358 下降到 2013 年的 0.0264，差距持续缩小。2016 年又上升到 0.029。

西部地区恩格尔系数的泰尔指数持续下降，近年来有所反弹。1992—2012 年，西部地区恩格尔系数的泰尔指数从 1992 年的 0.0902 下降到 2012 年的 0.0665，差距持续缩小。但 2012 年后西部地区恩格尔系数的泰尔指数差距有所扩大，从 2012 年的 0.0665 上升到 2016 年的 0.0766。

除中部地区恩格尔系数的泰尔指数持续下降外，东部地区和西部地区恩格尔系数的泰尔指数近年来开始出现反弹，说明东部地区和西部地区开始有所分化。

东部地区恩格尔系数的泰尔指数 Te > 西部地区恩格尔系数的泰尔指数 Tw > 中部地区恩格尔系数的泰尔指数 Tm。说明东部地区恩格尔系数的地区差距大于西部地区，西部地区又大于中部地区，近年来地区分化加剧（见图 3 - 29）。

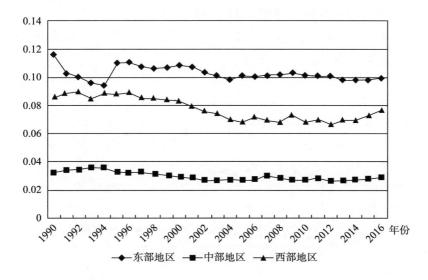

图 3 - 29　东部地区、中部地区和西部地区恩格尔系数的泰尔指数

东部地区与中部地区恩格尔系数的泰尔指数差距总体上看是先上升后下降。1990—1994 年，东部地区与中部地区恩格尔系数的泰尔指数差距从 1990 年的 264.39% 下降到 1994 年的 161.64%，差距下降较快。1994 年后东部地区与中部地区恩格尔系数的泰尔指数差距快速扩大，从 1994 年的 161.64% 扩大到 2002 年的 286.49%。后下降到 2016 年的 247.18%。

西部地区与中部地区恩格尔系数的泰尔指数差距总体上看是先上升后下降。1990—1993 年，西部地区与中部地区恩格尔系数的泰尔指数差距从 1990 年的 169.36% 下降到 1993 年的 138.95%，差距下降较快。1993 年后西部地区与中部地区恩格尔系数的泰尔指数差距快速扩大，从 1993 年的 138.95% 扩大到 2000 年的 188.96%。后下降到 2016 年的 164.23%。

东部地区与西部地区恩格尔系数的泰尔指数差距也是先上升后下降。1990—2012 年，东部地区与西部地区恩格尔系数的泰尔指数差距从 1990 年的 35.28% 上升到 2012 年的 51.14%，差距持续扩大。但 2012 年后东部地区与西部地区恩格尔系数的泰尔指数差距有所缩小，从 2012 年的 51.14% 下降到 2016 年的 29.66%。

总体来看，东部地区、中部地区和西部地区之间的差距自 2013 年以来逐渐缩小（见图 3-30）。

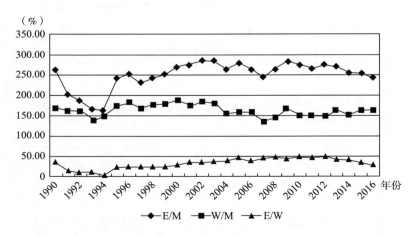

图 3-30　东部地区、中部地区和西部地区恩格尔系数的泰尔指数差距

注：E/M、W/M 和 E/W 分别是东部地区与中部地区、西部地区与中部地区、东部地区与西部地区的泰尔指数差距，用百分比来表示。

地区间泰尔指数 T1、东部地区、中部地区、西部地区对总的泰尔指数贡献率总体是东部地区大于西部地区，西部地区又大于中部，地区间泰尔指数 T1 仅在 1993 年、1994 年、1997 年和 1998 年小于中部地区贡献率，其他年份大于中部地区贡献率。地区间泰尔指数 T1 小于西部地区泰尔指数贡献率（见图 3 - 31）。

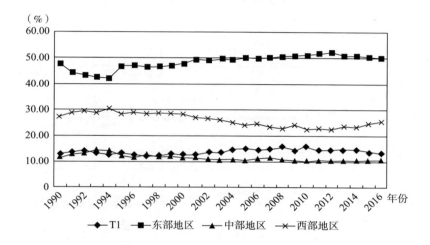

图 3 - 31 T1、东部地区、中部地区和西部地区对恩格尔系数的泰尔指数贡献率

五 省区市全社会劳动生产率的泰尔指数

基于全社会劳动生产率的泰尔指数分析地区分化情况。

地区间全社会劳动生产率的泰尔指数 T1 先上升后下降。1990—1999 年，地区间全社会劳动生产率的泰尔指数 T1 从 1990 年的 0.0201 扩大到 1999 年的 0.0347，差距有所扩大。1999 年后地区间全社会劳动生产率的泰尔指数 T1 有所减小，从 1999 年的 0.0347 下降到 2016 年的 0.0149。

地区内全社会劳动生产率的泰尔指数持续下降。1990—2016 年，地区内全社会劳动生产率的泰尔指数 T2 从 1990 年的 0.1414 下降到 2016 年的 0.0972，差距持续缩小。

　　全社会劳动生产率的泰尔指数 T 基本持续下降。1992—2016 年，全社会劳动生产率的泰尔指数 T 从 1992 年的 0.163 下降到 2016 年的 0.1121，差距持续缩小。

　　全社会劳动生产率的地区间泰尔指数 T1、地区内泰尔指数 T2 和泰尔指数 T 总的趋势是逐渐变小。地区内泰尔指数 T2 大于地区间泰尔指数 T1，说明地区内不平等远大于地区间不平等（见图 3 – 32）。

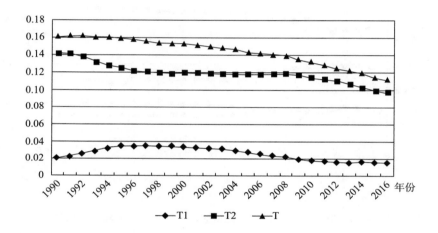

图 3 – 32　全社会劳动生产率的泰尔指数

　　注：T1 是地区间全社会劳动生产率的泰尔指数，T2 是地区内全社会劳动生产率的泰尔指数，T 是 T1 和 T2 之和，是全社会劳动生产率的泰尔指数。

　　东部地区全社会劳动生产率的泰尔指数持续下降，近年来略有反弹。1990—2016 年，东部地区全社会劳动生产率的泰尔指数从 1990 年的 0.1978 下降到 2016 年的 0.1281，差距持续缩小。

　　中部地区全社会劳动生产率的泰尔指数持续下降。2005—2016 年，中部地区全社会劳动生产率的泰尔指数从 2005 年的 0.0824 下降到 2016 年的 0.0601，差距持续缩小。

　　西部地区全社会劳动生产率的泰尔指数持续下降，近年来略有反弹。1990—2015 年，西部地区全社会劳动生产率的泰尔指数从 1990

年的 0.1425 下降到 2015 年的 0.0915，差距持续缩小。但 2015 年后西部地区全社会劳动生产率的泰尔指数有所拉大，从 2015 年的 0.0915 上升到 2016 年的 0.0928。

除东部地区、中部地区全社会劳动生产率的泰尔指数持续下降外，西部地区全社会劳动生产率的泰尔指数近年来开始出现反弹，说明西部地区开始有所分化。

东部地区全社会劳动生产率的泰尔指数 Te > 西部地区全社会劳动生产率的泰尔指数 Tw > 中部地区全社会劳动生产率的泰尔指数 Tm。说明东部地区全社会劳动生产率的地区差距大于西部地区，西部地区又大于中部地区（见图 3 - 33）。

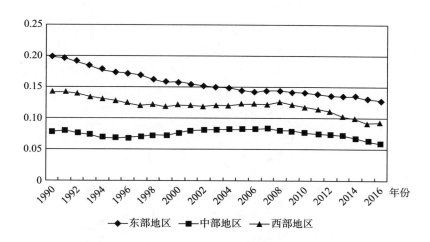

图 3 - 33　东部地区、中部地区和西部地区全社会劳动生产率的泰尔指数

东部地区、中部地区和西部地区泰尔指数的下降，可能和全社会劳动生产率增长率下降导致的地区差别缩小有关。

1991—1995 年，东部地区与中部地区全社会劳动生产率的泰尔指数差距从 1991 年的 144.65% 上升到 1995 年的 155.12%，差距有所扩大。1995 年后东部地区与中部地区全社会劳动生产率的泰尔指数差距持续减小，从 1995 年的 155.12% 下降到 2006 年的 72.69%。此后差距又上升到 2016 年的 113.31%。

1991—1995 年，西部地区与中部地区全社会劳动生产率的泰尔指数差距从 1991 年的 78.78% 上升到 1995 年的 87.55%，差距有所扩大。1995 年后西部地区与中部地区全社会劳动生产率的泰尔指数差距有所减小，从 1995 年的 87.55% 下降到 2013 年的 41.52%。此后差距又上升到 2016 年的 54.56%。

1990—1997 年，东部地区与西部地区全社会劳动生产率的泰尔指数差距从 1990 年的 38.82% 上升到 1997 年的 40.25%，差距略有扩大。1997 年后东部地区与西部地区全社会劳动生产率的泰尔指数差距有所减小，从 1997 年的 40.25% 下降到 2008 年的 14.34%。此后差距又上升到 2016 年的 38.01%。

总体来看，东部地区、中部地区和西部地区之间的差距在 1995 年前逐渐缩小，2008 年后东部地区、中部地区和西部地区之间的差距开始拉大，地区分化加剧（见图 3-34）。

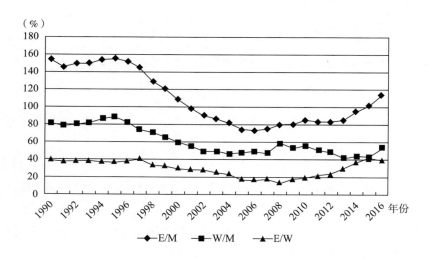

图 3-34 东部地区、中部地区和西部地区全社会劳动生产率的泰尔指数差距

注：E/M、W/M 和 E/W 分别是东部地区与中部地区、西部地区与中部地区、东部地区与西部地区的泰尔指数差距，用百分比来表示。

地区间泰尔指数 T1、东部地区、中部地区、西部地区对总的泰尔指数贡献率总体是东部地区大于西部地区，西部地区又大于中部地区，地区间泰尔指数 T1 在 1993—2004 年大于中部地区贡献率，其他年份小于中部地区贡献率，地区间泰尔指数 T1 仅在 1999 年大于西部泰尔指数的贡献率，其他年份则低于西部地区泰尔指数的贡献率（见图 3－35）。

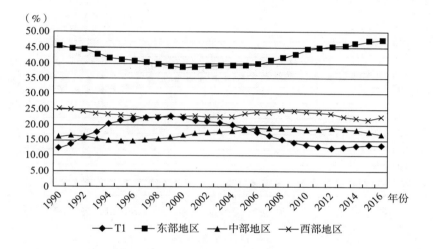

图 3－35　T1、东部地区、中部地区和西部地区对

全社会劳动生产率的泰尔指数贡献率

六　省区市全要素生产率的泰尔指数

基于全要素生产率（TFP）的泰尔指数分析地区分化情况。

地区间 TFP 的泰尔指数 T1 先降后升。1991—2001 年，地区间 TFP 的泰尔指数 T1 从 1991 年的 0.0089 下降到 2001 年的 0.007，差距略有缩小。2001 年后地区间 TFP 的泰尔指数 T1 有所扩大，从 2001 年的 0.007 上升到 2016 年的 0.0085。

地区内 TFP 的泰尔指数先降后升。1992—2014 年，地区内 TFP 的泰尔指数 T2 从 1992 年的 0.0788 下降到 2014 年的 0.0672，差距有所缩小。后略微上升至 2016 年的 0.0687。

TFP 的泰尔指数 T 先下降后略有回升。1991—2014 年，TFP 的泰尔指数 T 从 1991 年的 0.0877 下降到 2014 年的 0.0758, 差距缩小。
后略上升至 2016 年的 0.0773。

　　TFP 的地区间泰尔指数 T1、地区内泰尔指数 T2 和泰尔指数 T 总
的趋势是逐渐变小, 近年来地区内泰尔指数 T2 和泰尔指数 T 有所反
弹。地区内泰尔指数 T2 大于地区间泰尔指数 T1, 说明地区内不平等
远大于地区间不平等 (见图 3 - 36)。

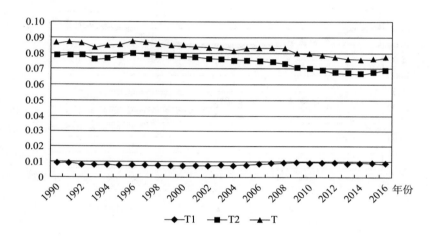

图 3 - 36　TFP 的泰尔指数

　　注: T1 是地区间 TFP 的泰尔指数, T2 是地区内 TFP 的泰尔指数, T 是 T1 和 T2 之和,
是 TFP 的泰尔指数。

　　东部地区 TFP 的泰尔指数持续下降, 近年来略有反弹。1992—
2014 年, 东部地区 TFP 的泰尔指数从 1992 年的 0.1073 下降到 2014
年的 0.0903, 差距持续缩小。后略反弹到 2016 年的 0.0925。

　　中部地区 TFP 的泰尔指数先保持平稳再有所下降, 后略有回
升。1991—2012 年, 中部地区 TFP 的泰尔指数从 1991 年的 0.0347
下降到 2012 年的 0.0272, 差距有所缩小。近年来略反弹至 2016 年
的 0.029。

　　西部地区 TFP 的泰尔指数持续下降, 近年来略有反弹。1990—
2013 年, 西部地区 TFP 的泰尔指数从 1990 年的 0.0982 下降到 2013

年的 0.0777，差距持续缩小。但 2013 年后西部地区 TFP 的泰尔指数有所拉大，从 2013 年的 0.0777 上升到 2016 年的 0.0784。

除东部地区、中部地区 TFP 的泰尔指数持续下降外，西部地区 TFP 的泰尔指数近年来开始出现反弹，说明西部地区开始有所分化。

东部地区 TFP 的泰尔指数 Te > 西部地区 TFP 的泰尔指数 Tw > 中部地区 TFP 的泰尔指数 Tm。说明东部地区 TFP 的地区差距大于西部地区，西部地区又大于中部地区，近年来东部地区、中部地区和西部地区泰尔指数有所反弹（见图 3 – 37）。

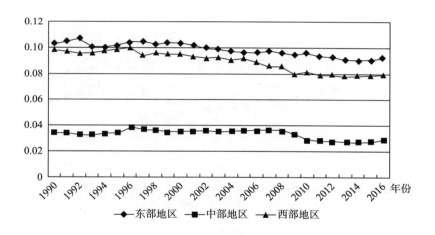

图 3 – 37 东部地区、中部地区和西部地区 TFP 的泰尔指数

1992—2006 年，东部地区与中部地区 TFP 的泰尔指数差距从 1992 年的 222.55% 下降到 2006 年的 168.4%，差距有所下降。2006 年后东部地区与中部地区 TFP 的泰尔指数差距持续扩大，从 2006 年的 168.4% 扩大到 2012 年的 240.76%。此后差距又下降到 2016 年的 218.67%。

1992—2007 年，西部地区与中部地区 TFP 的泰尔指数差距从 1992 年的 186.98% 下降到 2007 年的 138.27%，差距有所下降。2007 年后西部地区与中部地区 TFP 的泰尔指数差距持续扩大，从 2007 年的 138.27% 扩大到 2012 年的 191.28%。此后差距又下降到 2016 年的 170.21%。

1990—2011 年，东部地区与西部地区 TFP 的泰尔指数差距从 1990 年的 4.83% 扩大到 2011 年的 19.3%，差距略有扩大。2011 年后东部地区与西部地区 TFP 的泰尔指数差距有所减小，从 2011 年的 19.3% 下降到 2016 年的 17.93%。

总体来看，东部地区、中部地区和西部地区之间的差距在 2007 年前逐渐缩小，2007 年后东部地区、中部地区和西部地区之间的差距开始拉大，地区分化较为显著（见图 3-38）。

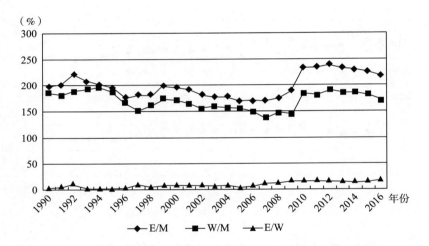

图 3-38　东部地区、中部地区和西部地区 TFP 的泰尔指数差距

注：E/M、W/M 和 E/W 分别是东部地区与中部地区、西部地区与中部地区、东部地区与西部地区的泰尔指数差距，用百分比来表示。

地区间泰尔指数 T1、东部地区、中部地区、西部地区对总的泰尔指数贡献率总体是东部地区大于西部地区，西部地区又大于中部地区，地区间泰尔指数 T1 在 2010—2015 年大于中部地区贡献率，其他年份小于中部地区贡献率，地区间泰尔指数 T1 则低于西部地区泰尔指数贡献率（见图 3-39）。

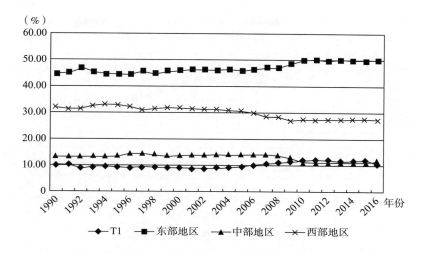

图 3-39　T1、东部地区、中部地区和西部地区对 TFP 的泰尔指数贡献率

七　省区市人力资本的泰尔指数

基于人力资本的泰尔指数分析地区分化情况。

地区间人力资本的泰尔指数 T1 先下降后略有回升。1990—2009 年，地区间人力资本的泰尔指数 T1 从 1990 年的 0.0212 下降到 2009 年的 0.0017，差距略有缩小。2009 年后地区间人力资本的泰尔指数 T1 有所回升，从 2009 年的 0.0017 上升到 2016 年的 0.0043。

地区内人力资本的泰尔指数持续下降。1992—2016 年，地区内人力资本的泰尔指数 T2 从 1992 年的 0.1636 下降到 2016 年的 0.0865，差距持续缩小。

人力资本的泰尔指数 T 基本持续下降。1990—2016 年，人力资本的泰尔指数 T 从 1990 年的 0.1818 下降到 2016 年的 0.0906，差距持续缩小。

人力资本的地区间泰尔指数 T1、地区内泰尔指数 T2 和泰尔指数 T 总的趋势是逐渐变小。地区内泰尔指数 T2 大于地区间泰尔指数 T1，说明地区内不平等远大于地区间不平等（见图 3-40）。

东部地区人力资本的泰尔指数持续下降，近年来略有反弹。1990—2010 年，东部地区人力资本的泰尔指数从 1990 年的 0.2605 下降到 2010 年的 0.1229，差距持续缩小。此后略反弹到 2016 年的 0.1266。

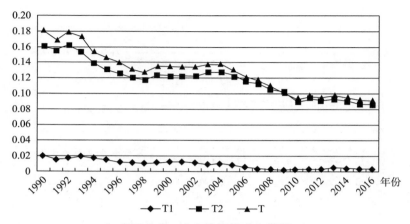

图 3 - 40　人力资本的泰尔指数

注：T1 是地区间人力资本的泰尔指数，T2 是地区内人力资本的泰尔指数，T 是 T1 和 T2 之和，是人力资本的泰尔指数。

中部地区人力资本的泰尔指数先上升后下降。1990—2009 年，中部人力资本的泰尔指数从 1990 年的 0.0557 上升到 2009 年的 0.0695，差距持续扩大。此后差距又逐渐缩小到 2016 年的 0.03。

西部地区人力资本的泰尔指数持续下降，近年略有反弹。1992—2010 年，西部地区人力资本的泰尔指数从 1992 年的 0.1582 下降到 2010 年的 0.0786，差距持续缩小。但 2010 年后西部地区人力资本的泰尔指数有所拉大，从 2010 年的 0.0786 提升到 2016 年的 0.0902。

东部地区人力资本的泰尔指数 Te > 西部地区人力资本的泰尔指数 Tw > 中部地区人力资本的泰尔指数 Tm。说明东部地区人力资本的地区差距大于西部地区，西部地区又大于中部地区（见图 3 - 41）。

1990—1991 年，东部地区与中部地区人力资本的泰尔指数差距从 1990 年的 367.22% 缩小到 1991 年的 292.93%，差距有所缩小。1991 年后东部地区与中部地区人力资本的泰尔指数差距迅速扩大，从 1991 年的 292.93% 扩大到 1993 年的 368.43%。此后差距又逐步下降到 2009 年的 94.56%。此后又逐步反弹至 2016 年的 317.16%。

1990—1991 年，西部地区与中部地区人力资本的泰尔指数差距从 1990 年的 176.03% 下降到 1991 年的 127.78%，差距有所缩小。1991

年后西部地区与中部地区人力资本的泰尔指数差距迅速扩大，从 1991 年的 127.78% 上升到 1993 年的 182.49%。此后差距又逐步下降到 2009 年的 24.39%。此后又逐步反弹至 2016 年的 197.11%。

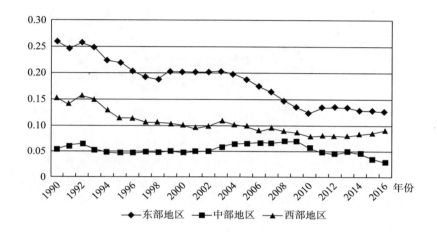

图 3 – 41　东部地区、中部地区和西部地区人力资本的泰尔指数

1990—2001 年，东部地区与西部地区人力资本的泰尔指数差距从 1990 年的 69.26% 上升到 2001 年的 103.81%，差距有所扩大。2001 年后东部地区与西部地区人力资本的泰尔指数差距有所减小，从 2001 年的 103.81% 下降到 2016 年的 40.4%。

总体来看，东部地区、中部地区和西部地区之间的差距在 2009 年有所缩小，2013 年后东部地区、西部地区和中部地区之间的差距开始拉大，地区分化较为显著（见图 3 – 42）。

地区间人力资本的泰尔指数 T1、东部地区、中部地区、西部地区对总的泰尔指数贡献率总体是东部地区大于西部地区，西部地区又大于中部地区，地区间人力资本的泰尔指数 T1 在 1990 年、1993 年和 1994 年大于中部地区贡献率，其他年份小于中部地区贡献率，地区间人力资本的泰尔指数 T1 低于西部地区人力资本的泰尔指数的贡献率（见图 3 – 43）。

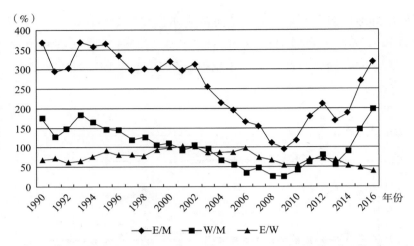

图 3－42　东部地区、中部地区和西部地区人力资本的泰尔指数差距

注：E/M、W/M 和 E/W 分别是东部地区与中部地区、西部地区与中部地区、东部地区与西部地区的泰尔指数差距，用百分比来表示。

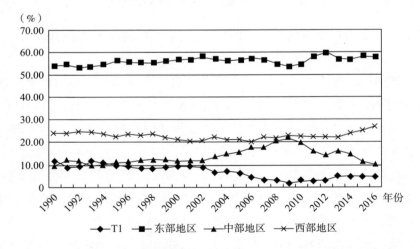

图 3－43　T1、东部地区、中部地区和西部地区对人力资本的泰尔指数贡献率

八　省区市城镇居民恩格尔系数的泰尔指数

基于城镇居民恩格尔系数的泰尔指数分析地区分化情况。

地区间城镇居民恩格尔系数的泰尔指数 T1 缓慢上升。1999—2014 年，地区间城镇居民恩格尔系数的泰尔指数 T1 从 1999 年的 0.0068 慢慢上升到 2014 年的 0.0128，差距略有扩大。2014 年后地区间城镇居民恩格尔系数的泰尔指数 T1 差距又略有减小，从 2014 年的 0.0128 下降到 2016 年的 0.0118。

地区内城镇居民恩格尔系数的泰尔指数持续下降，近年来略有反弹。1993—2014 年，地区内城镇居民恩格尔系数的泰尔指数 T2 从 1993 年的 0.0836 下降到 2014 年的 0.0693，差距持续缩小。但 2014 年后地区内城镇居民恩格尔系数的泰尔指数 T2 又略有扩大，从 2014 年的 0.0693 上升到 2016 年的 0.0726。

城镇居民恩格尔系数的泰尔指数 T 基本有所下降，后略有反弹。1993—2007 年，城镇居民恩格尔系数的泰尔指数 T 从 1993 年的 0.0923 下降到 2007 年的 0.0811，差距有所缩小。但 2007 年后城镇居民恩格尔系数的泰尔指数 T 又略有扩大，从 2007 年的 0.0811 上升到 2016 年的 0.0853。

城镇居民恩格尔系数的地区间泰尔指数 T1、地区内泰尔指数 T2 和泰尔指数 T 总的趋势是逐渐变小，但近年来均出现地区分化趋势。地区内泰尔指数 T2 大于地区间泰尔指数 T1，说明地区内不平等远大于地区间不平等（见图 3 – 44）。

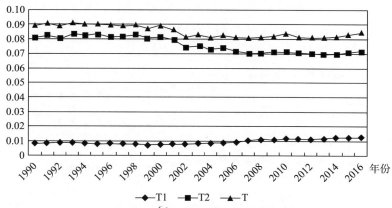

图 3 – 44　城镇居民恩格尔系数的泰尔指数

注：T1 是地区间城镇居民恩格尔系数的泰尔指数，T2 是地区内城镇居民恩格尔系数的泰尔指数，T 是 T1 和 T2 之和，是城镇居民恩格尔系数的泰尔指数。

东部地区城镇居民恩格尔系数的泰尔指数持续下降，近年来略有反弹。1993—2014 年，东部地区城镇居民恩格尔系数的泰尔指数从

1993 年的 0.1244 下降到 2014 年的 0.0985，差距持续缩小。但 2014 年后东部地区城镇居民恩格尔系数的泰尔指数有所增大，从 2014 年的 0.0985 上升到 2016 年的 0.0999。

中部地区城镇居民恩格尔系数的泰尔指数持续下降。2001—2015 年，中部地区城镇居民恩格尔系数的泰尔指数从 2001 年的 0.0362 下降到 2015 年的 0.0256，差距持续缩小。2016 年略有反弹到 0.0257。

西部地区城镇居民恩格尔系数的泰尔指数持续下降，近年来有所反弹。1991—2008 年，西部地区城镇居民恩格尔系数的泰尔指数从 1991 年的 0.095 下降到 2008 年的 0.0695，差距持续缩小。但 2008 年后西部地区城镇居民恩格尔系数的泰尔指数差距有所扩大，从 2008 年的 0.0695 上升到 2016 年的 0.0851。

除中部地区城镇居民恩格尔系数的泰尔指数持续下降外，东部地区和西部地区城镇居民恩格尔系数的泰尔指数近年来城镇居民恩格尔系数开始出现反弹，说明东部地区和西部地区开始有所分化。

东部地区城镇居民恩格尔系数的泰尔指数 Te > 西部地区城镇居民恩格尔系数的泰尔指数 Tw > 中部地区城镇居民恩格尔系数的泰尔指数 Tm。说明东部地区城镇居民恩格尔系数的地区差距大于西部地区，西部地区又大于中部地区（见图 3 - 45）。

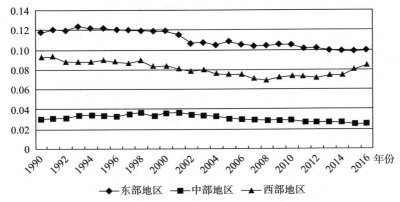

图 3 - 45　东部地区、中部地区和西部地区城镇居民恩格尔系数的泰尔指数

东部地区与中部地区城镇居民恩格尔系数的泰尔指数差距呈 U 形变化。1990—2002 年，东部地区与中部地区城镇居民恩格尔系数的泰

尔指数差距从 1990 年的 296.04% 下降到 2002 年的 209.74%，差距持续缩小。但 2002 年后东部地区与中部地区城镇居民恩格尔系数的泰尔指数差距有所扩大，从 2002 年的 209.74% 上升到 2016 年的 288.09%。

西部地区与中部地区城镇居民恩格尔系数的泰尔指数差距呈 U 形变化。1990—2001 年，西部地区与中部地区城镇居民恩格尔系数的泰尔指数差距从 1990 年的 230.52% 下降到 2001 年的 124.41%，差距持续缩小。但 2001 年后西部地区与中部地区城镇居民恩格尔系数的泰尔指数差距有所扩大，从 2001 年的 124.41% 上升到 2016 年的 230.52%。

东部地区与西部地区城镇居民恩格尔系数的泰尔指数差距呈倒"U"形变化。1990—2008 年，东部地区与西部地区城镇居民恩格尔系数的泰尔指数差距从 1990 年的 26.91% 上升到 2008 年的 50.79%，差距持续扩大。但 2008 年后东部与西部地区城镇居民恩格尔系数的泰尔指数差距有所缩小，从 2008 年的 50.79% 下降到 2016 年的 17.42%。

总体来看，东部地区、中部地区和西部地区之间城镇居民恩格尔系数的泰尔指数差距在 2013 年前逐渐缩小，2013 年后东部地区、中部地区和西部地区之间的差距开始拉大，地区分化较为显著，应引起足够的重视（见图 3－46）。

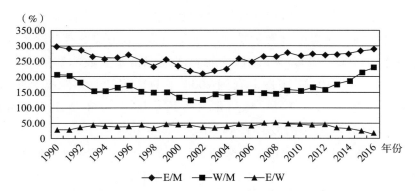

图 3－46　东部地区、中部地区和西部地区城镇居民恩格尔系数的泰尔指数差距

注：E/M、W/M 和 E/W 分别是东部地区与中部地区、西部地区与中部地区、东部地区与西部地区的泰尔指数差距，用百分比来表示。

地区间泰尔指数 T1、东部地区、中部地区、西部地区对城镇居民恩格尔系数总的泰尔指数贡献率总体是东部地区大于西部地区，西部地区又大于中部地区，地区间泰尔指数 T1 在 2007—2016 年近十年大于中部地区贡献率，其他年份小于中部地区贡献率。地区间泰尔指数 T1 小于西部地区泰尔指数贡献率（见图 3 - 47）。

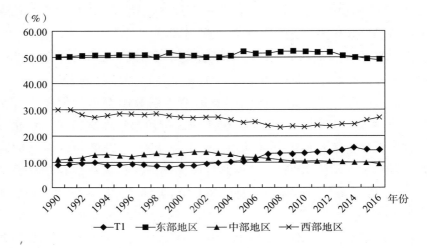

图 3 - 47　T1、东部地区、中部地区和西部地区对城镇居民恩格尔系数的泰尔指数贡献率

九　省区市农村居民恩格尔系数的泰尔指数

基于农村居民恩格尔系数的泰尔指数分析地区分化情况。

地区间农村居民恩格尔系数的泰尔指数 T1 比较平缓，近年来开始下降。1990—2008 年，地区间农村居民恩格尔系数的泰尔指数 T1 从 1990 年的 0.0127 慢慢上升到 2008 年的 0.0132，差距略有扩大。2008 年后地区间农村居民恩格尔系数的泰尔指数 T1 差距又略有减小，从 2008 年的 0.0132 下降到 2016 年的 0.009。

地区内农村居民恩格尔系数的泰尔指数持续下降，近年来略有反弹。1990—2012 年，地区内农村居民恩格尔系数的泰尔指数 T2 从 1990 年的 0.0778 下降到 2012 年的 0.0668，差距持续缩小。但 2012 年后地区内农村居民恩格尔系数的泰尔指数 T2 又略有扩大，从 2012 年的 0.0668 上升到 2016 年的 0.0722。

农村居民恩格尔系数的泰尔指数 T 基本有所下降，后略有反弹。1990—2013 年，农村居民恩格尔系数的泰尔指数 T 从 1990 年的 0.0905 下降到 2013 年的 0.0771，差距有所缩小。但 2013 年后农村居民恩格尔系数的泰尔指数 T 又略有扩大，从 2013 年的 0.0771 上升到 2016 年的 0.0799。

农村居民恩格尔系数的地区间泰尔指数 T1、地区内泰尔指数 T2 和泰尔指数 T 总的趋势是逐渐变小，但近年来均出现地区分化趋势。地区内泰尔指数 T2 大于地区间泰尔指数 T1，说明地区内不平等远大于地区间不平等（见图 3 –48）。

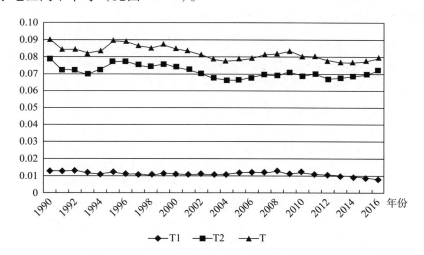

图 3 –48　农村居民恩格尔系数的泰尔指数

注：T1 是地区间农村居民恩格尔系数的泰尔指数，T2 是地区内农村居民恩格尔系数的泰尔指数，T 是 T1 和 T2 之和，是农村居民恩格尔系数的泰尔指数。

东部地区农村居民恩格尔系数的泰尔指数总体缓慢下降，近年来略有反弹。1990—1993 年，东部地区农村居民恩格尔系数的泰尔指数从 1990 年的 0.1115 下降到 1993 年的 0.0849，差距显著缩小。但 1993 年后东部地区农村居民恩格尔系数的泰尔指数变大，从 1993 年的 0.0849 上升到 1995 年的 0.1073。后下降到 2014 年的 0.0961，后反弹到 2016 年的 0.0981。

中部地区农村居民恩格尔系数的泰尔指数持续下降。1994—2012

年，中部地区农村居民恩格尔系数的泰尔指数从 1994 年的 0.0395 下降到 2012 年的 0.0269，差距持续缩小。2016 年又反弹到 0.0369。

西部地区农村居民恩格尔系数的泰尔指数持续下降，近年来有所反弹。1992—2012 年，西部地区农村居民恩格尔系数的泰尔指数从 1992 年的 0.0926 下降到 2012 年的 0.065，差距持续缩小。但 2012 年后西部地区农村居民恩格尔系数的泰尔指数差距有所扩大，从 2012 年的 0.065 上升到 2016 年的 0.0734。

除中部地区农村居民恩格尔系数的泰尔指数持续下降外，东部地区和西部地区农村居民恩格尔系数的泰尔指数近年来开始出现反弹，说明东部地区和西部地区开始有所分化。

东部地区农村居民恩格尔系数的泰尔指数 Te > 西部地区农村居民恩格尔系数的泰尔指数 Tw > 中部地区农村居民恩格尔系数的泰尔指数 Tm。说明东部地区农村居民恩格尔系数的地区差距大于西部地区，西部地区又大于中部地区，近年来地区分化加剧（见图 3 - 49）。

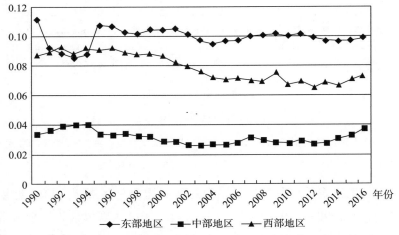

图 3 - 49　东部地区、中部地区和西部地区农村居民恩格尔系数的泰尔指数

东部地区与中部地区农村居民恩格尔系数的泰尔指数差距总体上是先上升后下降。1990—1993 年，东部地区与中部地区农村居民恩格尔系数的泰尔指数差距从 1990 年的 238.4% 下降到 1993 年的

117.53%，差距下降较快。1993 年后东部地区与中部地区农村居民恩格尔系数的泰尔指数差距快速扩大，从 1993 年的 117.53% 上升到 2002 年的 285.33%。后下降到 2016 年的 164.96%。

西部地区与中部地区农村居民恩格尔系数的泰尔指数差距总体上是先上升后下降。1990—1993 年，西部地区与中部地区农村居民恩格尔系数的泰尔指数差距从 1990 年的 162.87% 下降到 1993 年的 122.4%，差距下降较快。1993 年后西部地区与中部地区农村居民恩格尔系数的泰尔指数差距快速扩大，从 1993 年的 122.4% 上升到 2000 年的 203.57%。后下降到 2016 年的 97.7%。

东部地区与西部地区农村居民恩格尔系数的泰尔指数差距也是先上升后下降。1990—2012 年，东部地区与西部地区农村居民恩格尔系数的泰尔指数差距从 1990 年的 28.73% 上升到 2012 年的 51.3%，差距持续扩大。但 2012 年后东部地区与西部地区农村居民恩格尔系数的泰尔指数差距有所缩小，从 2012 年的 51.3% 下降到 2016 年的 33.71%。

总体来看，东部地区、中部地区和西部地区之间的差距在 2013 年前逐渐缩小（见图 3 - 50）。

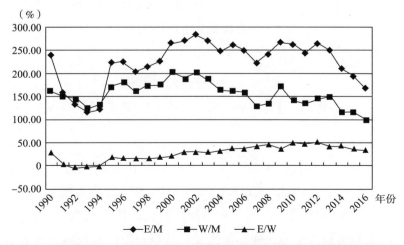

图 3 - 50　东部地区、中部地区和西部地区农村居民恩格尔系数的泰尔指数差距

注：E/M、W/M 和 E/W 分别是东部地区与中部地区、西部地区与中部地区、东部地区与西部地区的泰尔指数差距，用百分比来表示。

　　地区间泰尔指数 T1、东部地区、中部地区、西部地区对农村居民恩格尔系数的总的泰尔指数贡献率总体是东部地区大于西部地区，西部地区又大于中部地区，地区间泰尔指数 T1 仅在 1993 年、1994 年、1997年、2014—2016 年小于中部地区贡献率，其他年份大于中部地区贡献率，地区间泰尔指数 T1 小于西部地区泰尔指数贡献率（见图 3 - 51）。

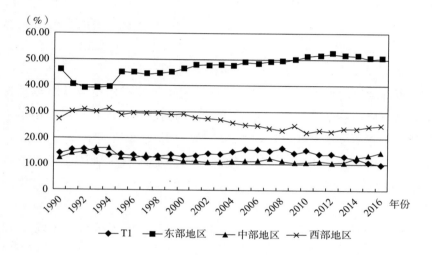

图 3 - 51　T1、东部地区、中部地区和西部地区对农村居民恩格尔系数的泰尔指数贡献率

第三节　中国经济环境地区相关分析

　　从前面的分析我们可以看出，无论是 PM10 指标、PM2.5 指标、单位 PM10 和单位 PM2.5 的人均 GDP、人均可支配收入还是人均可支配收入与人均 GDP 之比，经济环境地区分化的四板块泰尔指数分化、地区内泰尔指数大于地区间泰尔指数，其根本原因是地区内各省区市在板块内部的地位相差显著。我们看到，东部地区的泰尔指数经常显著大于其他地区的泰尔指数，分析东部地区经济环境指标普遍较高，

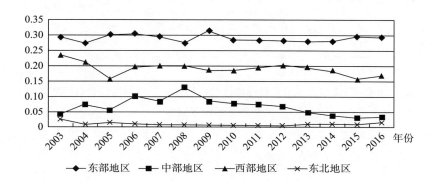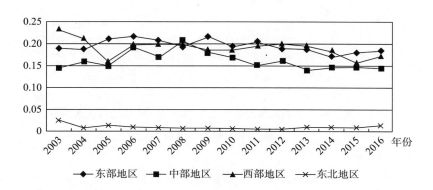

但位列其中的河北省就是典型的经济环境指标不高的，这极大地加剧了东部地区内部的分化。

　　做一个小小的模拟，我们就可以非常直观地发现关键之所在。下面图3－52至图3－55为四板块经济环境的泰尔指数。

图3－52　东部地区、中部地区、西部地区和东北地区的泰尔指数

　　我们将河北省调入中部地区（见图3－53）。

图3－53　测试河北省调入中部地区的东部地区、中部地区、
西部地区和东北地区的泰尔指数

　　我们将河北省调入西部地区（见图3－54）。

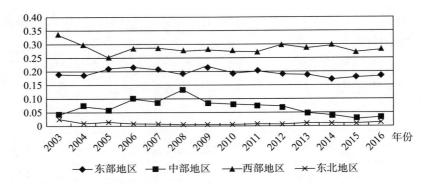

图 3 - 54　测试河北省调入西部地区的东部地区、中部地区、西部地区和东北地区的泰尔指数

我们将河北省调入东部地区（见图 3 - 55）。

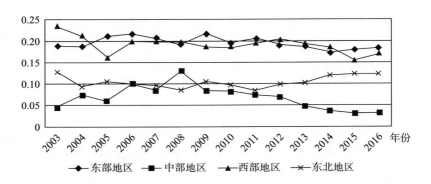

图 3 - 55　测试河北省调入东北地区的东部地区、中部地区、西部地区和东北地区的泰尔指数

很明显，河北省调入哪个地区即提高该地区的泰尔指数，即地区内泰尔指数变大，分化加剧。

第四章　考虑环境因素的地区经济
收敛及其增长动力

第一节　地区经济呈 β 收敛

　　近二十年来，经济增长的收敛问题受到很多学者的关注，是因为地区差别的扩大最终不利于经济的增长。经济增长的收敛有 σ 收敛和 β 收敛。σ 收敛是指不同经济体之间的人均 GDP 的差异随时间的推移而趋于下降。β 收敛是指初始人均 GDP 较低的经济体的人均 GDP 增速快于初始人均 GDP 较高的经济体，即不同经济体之间的人均 GDP 增长率与初始人均 GDP 负相关。而俱乐部收敛是指在经济增长的初始条件和结构特征上相似的地区趋向于收敛（Barro and Sala – I – Martin，1991）。加洛尔（Galor，1996）认为，俱乐部收敛与条件收敛不同，俱乐部收敛是指起始的经济发展水平相近并且结构特征相似的经济体在各自内部趋于收敛，即穷经济体和富经济体各自在内部存在条件收敛，但两个经济体之间并不存在收敛。巴罗和萨拉·伊·马丁（Barro and Sala – I – Martin，1997）认为，知识技术在技术领导者和追随者之间的低成本模仿，这使经济系统之间产生一定的趋同。说明经济体可能存在"趋同俱乐部"。目前中国地区经济体之间不存在 σ 收敛，但可能存在地区"趋同俱乐部"。下面主要探讨 β 收敛。

　　β 收敛是观察地区间经济趋同的一种方式，其计量模型为：

$$\ln(PGDP_{it}/PGDP_{i0}) = \alpha + \beta \ln PGDP_{i0} + \varepsilon_{it} \qquad (4.1)$$

其中，$\varepsilon_{it} \sim N(0, \sigma^2)$，$PGDP_{it}$ 是第 i 个省区市在 t 时期的人均

GDP，$PGDP_{i0}$是人均 GDP 基期值。当 β 为负并且显著时，说明不同省区市的人均 GDP 的平均增长率在 0 - t 时期与基期的人均 GDP 水平呈负相关关系，落后省区市的经济增长比发达省区市的要快，从而存在 β 收敛。由 β 可以估算收敛的稳态值 γ_0 和收敛速度 θ。

$$\gamma_0 = \alpha/(1 - \beta) \tag{4.2}$$

$$\theta = -\ln(1 + \beta)/t \tag{4.3}$$

一　采用 1990—2016 年省区市数据分析 β 收敛

对 1990—2016 年 30 个省区市全国、东部地区、中部地区和西部地区的 β 收敛分析发现，只有东部地区存在 β 收敛。东部地区人均 GDP 增速与初始人均 GDP 的回归方程为：

$$\ln(PGDP_{it}/PGDP_{i0}) = 3.9393 - 0.3296 \times \ln PGDP_{i0} + \varepsilon_{it}$$
$$t \qquad\qquad (4.7745)\quad(-3.1227)$$

t 在 1% 的显著性水平下显著，R 为 0.0322，调整后的 R 为 0.0289，F 为 9.8114。

其中，α = 3.9393，β = - 0.3296。利用式（4.3）计算出东部地区的收敛速度为 0.643%。

和彭国华（2005）的结论类似，在以 1990 年为起始点时，只有东部条件收敛。

二　采用 1978—2016 年省区市数据分析 β 收敛

采用 1978 年为基期的人均 GDP 来看全国、东部地区、中部地区和西部地区的 β 收敛情况。

全国人均 GDP 增速与初始人均 GDP 的回归方程为：

$$\ln(PGDP_{it}/PGDP_{i0}) = 2.4237 - 0.1367 \times \ln PGDP_{i0} + \varepsilon_{it}$$
$$t \qquad\qquad\qquad (5.6027)\qquad(-1.8780)$$

t 在 10% 的显著性水平下显著，R 为 0.0030，调整后的 R 为 0.0022，F 为 3.5268。

其中，α = 2.4237，β = - 0.1367。利用式（4.3）计算出全国的收敛速度为 0.164%。

东部地区人均 GDP 增速与初始人均 GDP 的回归方程为：

$$\ln(PGDP_{it}/PGDP_{i0}) = 3.7004 - 0.3121 \times \ln PGDP_{i0} + \varepsilon_{it}$$

t　　　　　　　　　　　　　　（7.6069）　　（−4.0640）

t 在 1% 的显著性水平下显著，R 为 0.0372，调整后的 R 为 0.0350，F 为 16.5160。

其中，α = 3.7004，β = −0.3121，利用式（4.3）计算出东部地区的收敛速度为 0.417%。

中部地区人均 GDP 增速与初始人均 GDP 的回归方程为：

$$\ln(PGDP_{it}/PGDP_{i0}) = 3.8382 - 0.3932 \times \ln PGDP_{i0} + \varepsilon_{it}$$

t　　　　　　　　　　　　　　（3.0426）　　（−1.8001）

t 在 10% 的显著性水平下显著，R 为 0.0105，调整后的 R 为 0.0073，F 为 3.2830。

其中，α = 3.8382，β = −0.3932，利用式（4.3）计算出东部地区的收敛速度为 0.556%。

而西部地区的结果不显著。

可以发现，从 1978—2016 年的 30 个省区市的人均 GDP 来看，全国、东部地区和中部地区均 β 收敛，只是收敛的速度不同。而现有数据不支持西部地区的 β 收敛。前面我们分析 1990—2016 年 30 个省区市中只有东部地区人均 GDP 存在 β 收敛。我们认为，分析周期的长短对 β 收敛的结果有非常大的影响。以前一些学者分析 β 收敛研究结果不一的原因之一就是分析的时期长短不一或者不够长。只要分析的时间足够长，地区分化都向"俱乐部收敛"，并进而到地区整体经济收敛，而经济增长是解决地区差距的根本途径。下面探讨经济增长的增长动力因素。

第二节　考虑环境因素的经济增长动力实证分析

不少学者探讨了经济增长的相关动力因素。比如，产业结构（魏后凯，1997；沈坤荣、马俊，2002；范剑勇、朱国林，2002），地区政策（贺灿飞、梁进社，2004），物资、资本、人力等要素投入水平

（沈坤荣、马俊，2002；王小鲁、樊纲，2004；许召元、李善同，2006），市场化及城市化水平（沈坤荣、马俊，2002；刘夏明等，2004；王小鲁、樊纲，2004；许召元、李善同，2006），基础设施水平（贺灿飞、梁进社，2004；许召元、李善同，2006），对外开放程度（沈坤荣、马俊，2002），地区间固定效应（魏后凯，1997；许召元、李善同，2006；刘夏明等，2004）等。沈坤荣、马俊（2002）研究了人力资本存量、市场化程度、对外开放程度、产业结构、地区虚拟变量等对经济增长因素趋同的影响。许召元、李善同（2006）认为，地区间固定效应、平均受教育水平、基础设施水平及城市化水平等是导致地区经济增长分化的因素，而要素投入的边际收益递减及各地区间技术知识的较快扩散等是促进地区经济增长趋同的因素。本章除考虑基本的经济因素外，还加入了环境质量因素来分析中国经济增长动力。

一 经济增长动力模型

人均 GDP 是衡量经济增长的比较合适的经济指标之一。各省区市人均 GDP 增长率与影响因素的关系，用经济增长理论的经典公式来表示（Sala – i – Martin，1995）：

$$\ln(PGDP_{it}/PGDP_{i0}) = \alpha + \beta \ln PGDP_{i0} + \sum_{i=1}^{N} \beta_{it} \times FACTOR_{it} + \varepsilon_{it}$$

(4.4)

其中，$FACTOR_{it}$ 是一组控制变量，即人均 GDP 的影响因素，使经济体 i 处于稳定状态。$\varepsilon_{it} \sim N(0, \sigma^2)$，$PGDP_{it}$ 是第 i 个省区市在 t 时期的人均 GDP，$PGDP_{i0}$ 是人均 GDP 基期值。$FACTOR_{it}$ 是影响人均 GDP 趋同的因素，N 是影响因素的数量。

影响地区趋同的因素有人均 GDP 初始值、人力资本（HC）、全社会劳动生产率（LP）、资本产出率（GDPK）、第二产业占 GDP 比重（GDP2）、第三产业占 GDP 比重（GDP3）、城市化率（URB）、市场化程度（MARK）、医疗条件指数（HOSINDEX）、对外开放度（EX-PIMP）、人均可支配收入（REV）、地方财政教育事业费支出（EDU）、全要素生产率指数（TFP）、技术进步指数（TP）、技术效率指数（TEC）、规模效率指数（SEC）、纯技术效率指数（PEC）技术效率（TE）。另外，还有投资相关系数（GDPI）、研发（RD，用专利授权量表示）、有效劳动力比例、地方财政科学事业费支出、地方财政卫生事业费支出等。

本章还拟探讨地区发展前景指数对地区趋同的影响，包括发展前景（PROS）、经济增长（GROW）、增长可持续性（SUST）、政府效率（GOV）、人民生活（PEOP）和环境质量（ENV）几个方面，环境质量由本报告环境质量发展情况部分得出，其他发展前景数据来源于《经济蓝皮书：夏季号——中国经济增长报告（2015—2016）》。发展前景及环境质量等相关指数包含 70 余个指标运用主成分分析法得出的结果，其结果比较全面地反映了经济各方面的发展情况。

表 4 –1　　　　　　　人均 GDP 回归的结果

变量	变量	模型 1		模型 2	
		系数	t	系数	t
C	常数	4.146	7.053 ***	6.491	11.595 ***
log（PGDP0）	人均 GDP 初始值	−1.155	−23.913 ***	−1.183	−24.901 ***
HC	人力资本	3.66E−04	6.514 ***	3.03E−04	5.835 ***
LP	全社会劳动生产率	3.57E−06	1.659 **	3.70E−06	2.954 ***
GDPK	资本产出率	0.466	6.028 ***	0.140	1.855 **
GDP2	第二产业占 GDP 比重	1.189	7.189 ***	0.649	4.207 ***
GDP3	第三产业占 GDP 比重	2.403	13.969 ***	1.567	9.484 ***
URB	城市化率	0.021	13.936 ***	0.012	8.187 ***
MARK	市场化程度	1.101	14.777 ***	1.020	15.446 ***
HOSINDEX	医疗条件指数	5.14E−04	5.545 ***	0.000	3.845 ***
EXPIMP	对外开放程度	−2.36E−05	−5.267 ***	0.000	−3.293 ***
REV	人均可支配收入	4.86E−05	4.078 ***	—	—
EDU	教育占财政支出比重	8.71E−05	1.319 *	—	—
SEC	规模效率指数	2.038	4.424 ***	1.312	3.097 ***

变量	变量	模型 1		模型 2	
		系数	t	系数	t
PROS	发展前景	—	—	0.211	2.733 ***
GROW	经济增长	—	—	0.376	9.235 ***
SUST	增长可持续性	—	—	0.175	3.372 ***
GOV	政府效率	—	—	-0.121	-3.409 ***
PEOP	人民生活	—	—	0.221	5.057 ***
ENV	环境质量	—	—	0.205	6.276 ***

注：＊表示在10%的显著性水平下显著，＊＊表示在5%的显著性水平下显著，＊＊＊在1%的显著性水平下显著。

其中，模型1是基本影响因素，模型2是除基本经济影响因素指标外，还加入了发展前景和环境质量等相关指标。模型1的 R 为0.933，调整后的 R 为0.932，F 为819.980。模型2的 R 为0.9478，调整后的 R 为0.9466，F 为816.518。加入发展前景和环境质量等经济和环境发展质量相关指标后，解释力度有所提高。

对人均 GDP 条件趋同的影响因素进行实证分析，研究结果显示，人力资本、全社会劳动生产率、资本产出率、第二产业占 GDP 比重、第三产业占 GDP 比重、城市化率、市场化程度、医疗条件指数、人均可支配收入、教育占财政支出比重、规模效率对人均 GDP 的趋同具有正向作用，只有对外开放程度对人均 GDP 的趋同具有异化作用。对外开放度的提升，促进了对外交流，在外商直接投资（FDI）和对外直接投资（OFDI）方面起到一定的作用。对国内人均 GDP 起着异化作用的原因有两个方面：一是产品输入和产品输出的不对等。在对外输出的仅仅是资源、中间产品或低附加值的制造业产品输出而输入的是高附加值产品的时候，国内外交流形成一种失衡，无形中导致经济利益受损。二是东部地区与中西部地区对外开放程度的巨大反差造成的。

当考虑发展前景相关因素时，以上因素除人均可支配收入、教育占财政支出比重不显著外，其他因素发挥了相似的作用，而发展前景、经济增长、增长可持续性、人民生活等指标均同时对人均 GDP 的趋同有正向作用，只有政府效率对人均 GDP 具有异化作用，其原因也有两个方面：一是政府效率提升本身对经济增长质量是有益的，但可能政府支出或者转移支付方面不是特别精准，导致某些地区要素扭曲，最终影响到经济增长；二是东部地区和中西部地区的政府效率方面的较大差距。

经济增长动力模型中，环境质量系数为 0.205，对经济发展的作用略低于经济增长（0.376）、人民生活（0.221），但高于增长可持续性（0.175）。

二　影响因素分析

（一）影响因素趋势向上导致的地区分化

从经济增长影响因素的走势可以看出：①符合传统的东部地区 > 中部地区 > 西部地区的增长因素有：人力资本、城市化率、市场化程度、人均可支配收入、发展前景、经济增长和人民生活；②东部地区远远大于中西部地区的增长因素有：对外开放程度、政府效率和地方财政科学事业费支出，地区的巨大差别印证了上面分析的对外开放程度、政府效率对人均 GDP 的异化的原因之一；③东部地区 > 西部地区 > 中部地区的增长因素有：地方财政教育事业费支出、增长可持续性；④西部地区 > 东部地区 > 中部地区的增长因素有：地方财政卫生事业费支出；⑤西部地区 > 中部地区 > 东部地区的增长因素有：医疗条件指数。医疗条件指数的地区差距与一般人的观感不太一样，可能主要是从万人床位数和万人医疗机构数来衡量，只是数量上的指标，没有考虑医疗机构上的质量，比方三甲医院的数量。下一步研究应该将医疗条件指数引入医疗质量指标（见表 4 - 2）。

表 4 - 2　　　　　　　　　主要增长因素地区差距程度

经济指标	趋势	地区表现	程度
人力资本	上升	东部地区 > 中部地区 > 西部地区	差距较大
城市化率	上升	东部地区 > 中部地区 > 西部地区	差距较大
市场化程度	上升	东部地区 > 中部地区 > 西部地区	差距较大

经济指标	趋势	地区表现	程度
医疗条件指数	上升	西部地区 > 中部地区 > 东部地区	—
人均可支配收入	上升	东部地区 > 中部地区 > 西部地区	差距较大
地方财政教育事业费支出	上升	东部地区 > 西部地区 > 中部地区	—
对外开放程度	上升	东部地区远远大于中西地区部地区	差距很大
发展前景	上升	东部地区 > 中部地区 > 西部地区	—
经济增长	上升	东部地区 > 中部地区 > 西部地区	—
增长可持续性	上升	东部地区 > 西部地区 > 中部地区	—
政府效率	上升	东部远远大于中西部地区	差距很大
人民生活	上升	东部地区 > 中部地区 > 西部地区	—
环境质量	上升	东部地区 > 西部地区 > 中部地区	差距很大
地方财政科学事业费支出	上升	东部地区远远大于中部地区和西部地区	—
地方财政卫生事业费支出	上升	西部地区 > 东部地区 > 中部地区	—

（二）影响因素下行导致的地区分化

1. 全社会劳动生产率增长下降

自 2010 年以来，中国的全社会劳动生产率增长在持续下降（见图 4-1）。2010—2016 年，中国的全社会劳动生产率增长了 8.85%，比全社会劳动生产率增长的高峰期间下降，预计"十三五"期间会下降到 6.9%，其主要原因是中国第二产业的全社会劳动生产率增长比较快，其增长速度为 7.4%，而第三产业的全社会劳动生产率增长则只有 5% 左右。随着中国第三产业占 GDP 比重的提高，中国相当多的资源转向第三产业，中国的全社会劳动生产率增长不是提高而是下降，因此，加速提升第三产业全社会劳动生产率增长是减缓整体全社会劳动生产率增长下降的重要方面。当然，大幅度提升制造业的全社会劳动生产率更具有积极意义，否则劳动生产要素向第三产业转移，而制造业全社会劳动生产率提升速度慢，必然导致中国的全社会劳动生产率增长下降。

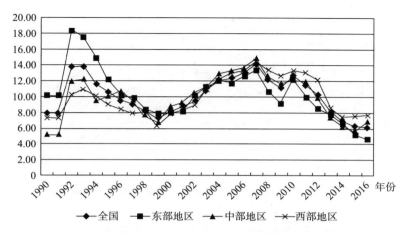

图4－1　全国、东部地区、中部地区和西部地区全社会劳动生产率增长

2. 规模效率下降，进而全要素生产率增长贡献也在持续下降

本章分析的结果显示，规模效率对人均GDP具有趋同效应。本章利用中国近300个地级及地级以上城市数据，分析了其全要素生产率增长及其相关要素对经济增长的贡献，并按分地区分析全要素生产率及要素增长及波动对经济增长的影响，发现全国、东部地区、中部地区和西部地区城市全要素生产率增长均呈下降趋势，规模效率的下降强化了地区增长的下降。

3. 资本产出率下降

2007年以来，全国、东部地区、中部地区和西部地区的资本产出率逐年下降（见图4－2）。全国、中部地区和西部地区GDP增长率与固定资本存量增长率具有很强的正相关性，但东部地区GDP增长率与固定资本存量呈现极弱的负相关性。提高固定资本存量对中部地区和西部地区具有正的外部效应，同时要提高资本产出率。

4. 要素投入的规模收益呈下降趋势

通过传统的增长方式，要素投入的规模收益下降，不能推动资本和人力资本的深化。首先是资本深化。没有技术进步，资本回报率快速下降，资本投入也会下降，资本存量难以提升，资本难以深化。其次是人力资本深化。没有全社会劳动生产率的提高，人力资本难以得到高回报，人力资本的深化也难以完成。我们的计算结果表明，要素

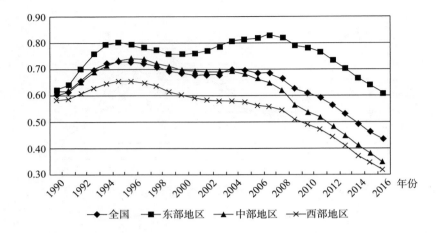

图4－2　全国、东部地区、中部地区和西部地区资本产出率

外延式投入增长速度下降，而且收益都在减速，原因就是规模收益递减。传统的劳动投入要素增长变负，资本投入增长都在下降。传统上通过规模来取得增长的要素驱动都在下降，所以，规模收益处于递减状态，经济减速也是必然的。而传统增长方式也是地区分化加剧的重要原因，地区分化导致国内地区不均衡程度的加深。

5. 产业结构服务化是结构性减速的主要原因，也是地区分化加剧的主要原因之一

产业结构服务化升级是经济结构性减速的主要原因，也是东部地区、西部地区和中部地区的地区分化加剧的主要原因之一，随着2011年经济出现结构性减速，地区间环境质量分化出现加大的趋势。经济结构服务化，服务业占 GDP 比重上升是必然趋势。自 2011 年以来，全国、东部地区、中部地区和西部地区第二产业占 GDP 比重下降（见图4－3），同时第三产业占 GDP 的比重上升（见图4－4）。服务业占 GDP 比重的上升又导致服务业劳动生产率以致整体经济劳动生产率增长下降，即第三产业相对第二产业劳动生产率的比重下降。从图4－3 和图4－4 可以看到，从第三产业占 GDP 比重来看，东部地区大于西部地区，西部地区又大于中部地区；而第二产业占 GDP 比重则是中部地区大于西部地区，西部地区大于东部地区。由此，导致东

部地区、西部地区的第三产业相对于第二产业的劳动生产率的比重下降快于中部地区，这可能是本章第二部分中人均 GDP 的泰尔指数的东部地区、西部地区与中部地区分化加剧的主要原因。因此，需要发展劳动生产率较高的服务业即现代服务业，提高第三产业的相对劳动生产率，才能解决东部地区、西部地区和中部地区分化加剧的问题，进而有效地遏制和减缓经济减速的速度。

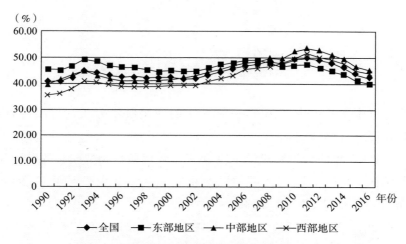

图 4-3　全国、东部地区、中部地区和西部地区第二产业占 GDP 比重

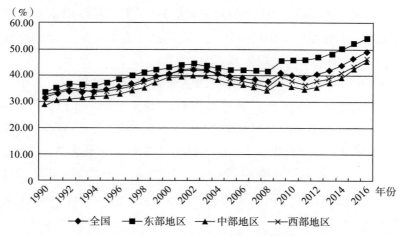

图 4-4　全国、东部地区、中部地区和西部地区第三产业占 GDP 比重

第五章　结论和政策建议

第一节　结论

通过中国各省区市 2003—2016 年的环境质量分析，得出各省区市环境质量发展情况。

按 2016 年四个板块来说，14 年来，环境质量指数改善的顺序为：东部地区 > 中部地区 > 西部地区 > 东北地区，分别改善了 45.91%、31.62%、26.17% 和 22.61%。

在 2016 年四个板块的环境质量方面，东部地区好于西部地区，西部地区好于东北地区，东北地区好于中部地区。

14 年来，湖南省的环境质量指数改善最多，河南省的环境质量指数改善最少。按 2016 年四个板块来说，14 年来，环境质量指数改善的顺序为：东部地区 > 中部地区 > 西部地区 > 东北地区，分别改善了 45.91%、31.62%、26.17% 和 22.61%。

和 2015 年相比，2016 年环境质量排名上升的省区市有 7 个：上升了 7 位的省区市有 1 个，福建省从第 15 位上升到第 8 位；上升了 5 位的省区市有 2 个，河北省从第 27 位上升到第 22 位，湖南省从第 22 位上升到第 17 位；上升了 2 位的省区市有 2 个，吉林省从第 13 位上升到第 11 位，青海省从第 14 位上升到第 12 位；上升了 1 位的省区市有 2 个，新疆维吾尔自治区从第 10 位上升到第 9 位，海南省从第 8 位上升到第 7 位。

排名下降的省区市有 13 个：下降了 6 位的省区市有 1 个，山东省

从第 7 位下降到第 13 位；下降了 4 位的省区市有 1 个，黑龙江省从第
11 位下降到第 15 位；下降了 2 位的省区市有 2 个，重庆市从第 21 位
下降到第 23 位，辽宁省从第 12 位下降到第 14 位；下降了 1 位的省区
市有 9 个，天津市从第 9 位下降到第 10 位，甘肃省从第 26 位下降到
第 27 位，陕西省从第 20 位下降到第 21 位，广西壮族自治区从第 25
位下降到第 26 位，云南省从第 23 位下降到第 24 位，湖北省从第 19
位下降到第 20 位，江西省从第 18 位下降到第 19 位，安徽省从第 17
位下降到第 18 位，宁夏回族自治区从第 24 位下降到第 25 位。其他
省区市 2016 年环境质量排名不变。

本书将 2000 年后、2010 年以来、2009—2016 年按照权重比 3、3、
2、1、1 将各省区市分为五级。我们发现，2003 年以来、2010 年以
来海南省、青海省、宁夏回族自治区、北京市处于第一级；2013—
2016 年，海南省、北京市、宁夏回族自治区处于第一级；2013—
2015 年，新疆处于第一级；2010—2012 年、2016 年青海处于第一级。

对 20 世纪 90 年代以来地区差别的经济指标进行分析，发现 20
世纪 90 年代以来各主要经济指标泰尔指数的地区分化逐渐下降，但
近年来有地区分化扩大的迹象。

对经济增长影响因素进行了实证分析，研究结果显示，人力资
本、全社会劳动生产率、资本产出率、第二产业占 GDP 比重、第三
产业占 GDP 比重、城市化率、市场化程度、医疗条件指数、人均可
支配收入、教育占财政支出比重、规模效率对人均 GDP 的趋同具有
正向作用，而对外开放程度对人均 GDP 的趋同具有异化作用，其原
因一方面是产品输入和产品输出的不对等；另一方面可能是东部地区
与中西部地区对外开放程度的巨大反差造成的。

当考虑发展前景和环境质量等相关因素时，除人均可支配收入、
教育占财政支出比重不显著外，其他因素发挥相似的作用，而发展前
景、经济增长、增长可持续性、人民生活和环境质量等指标均同时对
人均 GDP 的趋同有正向作用，只有政府效率对人均 GDP 具有异化作
用，其原因有二：一是政府支出或者转移支付方面不是特别合适，导
致某些地区要素扭曲，最终影响到经济增长；二是东部地区和中西部

地区的政府效率方面的较大差距。

分析了经济增长影响因素趋势向上和下行两种情况导致的地区分化，并基于此提出以下政策建议：通过地区经济收敛和影响因素的分析，力图破解地区差别过大和地区分化加剧的难题，实现地区经济协调、稳定增长和挖掘新的增长动力的内在机制。

第二节　政策建议

一　构建经济带，地区协调发展

解决地区差距过大的问题，除考虑采取上面的措施之外，更需要构建经济带，实现地区协调发展。

第一，突破的障碍即政府主导型运行模式，构建"经济带"必须建立在市场主导的基础上。

第二，促进要素的自由充分流动，即人、财、物的自由充分流动。具体障碍有：户籍制度对人员流动阻滞、金融制度对民间信贷融资的壁垒以及各自为政的地区政策对物流畅通的空间壁垒。

第三，建立地方政府间新型合作机制，克服多年来"诸侯经济"地区政策下的利益本地化，使之有效地融入"大地区"发展规划。

第四，要形成地区发展的新评价与激励机制，弱化"唯GDP"论的经济增长评价标准，并强化生态环保指标和社会公平指标，强调经济增长的质量与绩效。

第五，各级地区要成立地区政府官员综合协调委员会和专家咨询委员会，以落实政府间新型合作机制，并共同制定其地区发展规划与产业布局规划。

二　不同地区实施不同的环境政策

东部地区环境质量好的，保持现有环境规制政策不变，设为东部地区环境质量标杆地区。

东部地区环境质量弱的，参考环境质量标杆的东部地区的环保标准，加大环保排放和整治力度及投入。

西部地区环境质量好的，仍然保持现有环境规制政策不变，设立为西部地区环境质量标杆地区。

西部地区环境质量较差的，参照西部地区经济发展水平和财政承受能力，梯次提升环保质量标准。

中部地区和东北地区，经济和财力较好的，参照东部地区环境质量标杆地区标准执行；经济和财力较弱的，参照西部地区的环境质量标杆地区标准执行。

避免地区环境管制差别导致污染转移。

考虑不同地区实际情况，制定环境规制政策，要防止高污染企业从环境规制严的地区流向环境规制稍松的地区。

附　　录

一　指标设计及数据处理

（一）　环境质量评价指标设计

本书拟将环境质量包括 18 个指标，见表 1。

表 1　　　　　　　　中国各省区市环境质量评价指标设计

二级指标	指标	名称
环保资源	protectArea	自然保护区面积
	parkVirescence	万人城市园林绿地面积
	water	人均水资源量
环保能耗	energyExp	万元 GDP 能耗指标
	eleExp	万元 GDP 电力消耗指标
工业排放	wasteWaterEligible	工业废水排放量
	exhaustGasDisposal	工业二氧化硫排放量
	exhaustGasDisposal	工业烟尘排放量
	exhaustGasDisposal	工业粉尘排放量
环保产值	ind3deposeVal	工业"三废"综合利用产品产值比
空气监测	PM10	PM10
	PM2.5	PM2.5
	SO_2	二氧化硫
	NO_2	二氧化氮
	O_3	臭氧
优良天数	BetterDays	空气质量良好天数
环保投资	EnvInvest	环境污染治理投资占 GDP 比重
	polluteInvest	治理工业污染项目投资占 GDP 比重

（二）数据来源及处理

1. 数据来源

本书所有数据均来源于《中国统计年鉴》（1998—2016）、各省区市统计年鉴、各省区市 2013—2016 年国民经济和社会发展统计公报。2017 年数据由 2017 年上半年数据和 2016 年上半年的比例关系得到。能源消费总量来源于《中国能源统计年鉴》（1997—1999）、《中国能源统计年鉴》（2000—2002）和《中国能源统计年鉴》（2006—2011）。由于重庆市 1997 年设立直辖市，1990—1996 年重庆市的数据基本上是通过查询历年《重庆统计年鉴》获得，并根据实际情况对四川相应年份的数据进行调减。

2. 能源消费总量

1999 年和 2001 年的能源消费总量来源于"中国经济统计数据查询与辅助决策系统"，其他能源消费总量数据来源于《中国能源统计年鉴》（1996—2012）。其中，1996—1998 年的能源消费总量数据来源于《中国能源统计年鉴》（1997—1999）；2002 年的能源消费数据来源于《中国能源统计年鉴（2007）》；1990 年、1995 年、2000 年、2004—2008 年的数据来源于《中国能源统计年鉴（2008）》《中国能源统计年鉴（2009）》。重庆市 1990—1994 年的能源消费总量数据来源于《重庆统计年鉴（1996）》，重庆市 1995 年和 1996 年的能源消费总量来源于《重庆统计年鉴（2000）》。

3. 电力消耗量

电力消耗量数据来源于历年《中国统计年鉴》和《中国能源统计年鉴》。

4. 工业"三废"综合利用产品产值

1990—1996 年重庆市工业"三废"综合利用产品产值数据来源于 1991 年、1992 年、1996 年和 1997 年《重庆统计年鉴》。

（三）指标处理

为了方便运用主成分分析法，对所有指标都进行正向化处理，即正向指标保留原值，负向指标进行正向化处理。指标说明如下：

自然保护区面积（万公顷）

万人城市园林绿地面积 = 城市园林绿地面积/年底总人口数

人均水资源量 = 水资源量/年底总人口数

万元 GDP 能耗 = 能源消费总量/GDP；万元 GDP 能耗指标 = 1/万元 GDP 能耗

万元 GDP 电力消耗量 = 电力消费总量/GDP；万元 GDP 电力消耗指标 = 1/万元 GDP 电力消耗量

工业废水排放量 = 1/工业废水排放量

工业二氧化硫排放量 = 1/工业二氧化硫排放量

工业烟尘排放量 = 1/工业烟尘排放量

工业粉尘排放量 = 1/工业粉尘排放量

工业"三废"综合利用产品产值比 = 工业"三废"综合利用产品产值/国内生产总值（现价）

PM10 指标 = 1/PM10

PM2.5 指标 = 1/PM2.5

二氧化硫指标 = 1/二氧化硫

二氧化氮 = 1/二氧化氮

臭氧 = 1/臭氧

空气质量良好天数（天）

环境污染治理投资占 GDP 比重 = 环境污染治理投资占 GDP 比重/国内生产总值（现价）

治理工业污染项目投资额占 GDP 比重 = 治理工业污染项目投资额/国内生产总值（现价）。

（四）中国各省区市环境质量评价过程

环境质量的评价方法主要有德尔菲法、主成分分析法、因子分析法、层次分析法等。德尔菲法和层次分析法评价结果的可靠性主要依赖建模人所建的概念模型的水平和打分人的专业水平，主观性较强。而主成分分析法和因子分析法评价结果的可靠性主要依赖于分析过程和结果的可解释性以及主成分和公因子的方差贡献率，主成分分析法和因子分析法较为客观。本书采用主成分分析法来评价中国各省区市的环境质量。

主成分分析法包括以下七步：

第一步，选取指标，建立评价的指标体系；

第二步，收集和整理数据；

第三步，将数据进行正向化处理（并对数据进行标准化处理，标准化过程由 SPSS 软件自动执行）；

第四步，指标数据之间的 KMO 和 Bartlett 球形检验；

第五步，确定主成分个数；

第六步，确定权重；

第七步，计算主成分综合评价值，最后得出各省区市的环境质量指数和排名。

主成分分析法采用 SPSS16.0 软件进行分析。当提取了 10 个主成分时，累计贡献率大于 90%，足以对所选择变量进行解释，达到主成分分析法的要求。

1. KMO 和 Bartlett 球形检验结果

KMO 检验用于检查变量间的偏相关性，本书采用的 KMO 统计量为 0.737，检验效果良好，适合进行主成分分析（见表 2）。

表 2　　　　　　　　　　KMO 和 Bartlett 球形检验结果

KMO 抽样适度测定值		0.737
Bartlett 球形检验	近似卡方	10141.180
	自由度	153
	显著性水平	0.000

Bartlett 球形检验是判断相关阵是否为单位阵。从 Bartlett 球形检验可以看出，应拒绝各变量独立的假设，即变量间具有较强的相关性。

2. 变量共同度

变量共同度是各变量中所含原始信息能被提取的公因子所表示的程度，从表 3 可以看出，所有变量的共同度都在 80% 以上，提取的公因子对各变量的解释能力非常强。

表3 变量共同度

变量	变量名称	提取比例
protectArea	自然保护区面积	0.929
parkVirescence	万人城市园林绿地面积	0.846
water	人均水资源量	0.915
energyExp	万元 GDP 能耗	0.918
eleExp	万元 GDP 电力消耗	0.889
wasteWaterEligible	工业废水排放量	0.907
exhaustGasDisposal	工业二氧化硫排放量	0.912
exhaustGasDisposal	工业烟尘排放量	0.898
exhaustGasDisposal	工业粉尘排放量	0.912
ind3deposeVal	工业"三废"综合利用产品产值比	0.986
PM10	PM10	0.898
PM2.5	PM2.5	0.934
SO_2	二氧化硫	0.830
NO_2	二氧化氮	0.853
O_3	臭氧	0.919
BetterDays	空气质量良好天数	0.960
EnvInvest	环境污染治理投资占 GDP 比重	0.957
PolluteInvest	治理工业污染项目投资占 GDP 比重	0.996

注：初始值均为 1。以上是通过主成分分析法提取的。

3. 碎石图

碎石图是用来表示各因子的重要程度的。从碎石图可以直观地看出，前面陡峭部分对应较大的特征值，作用明显；后面平缓部分对应较小的特征值，其影响相对要小（见图1）。

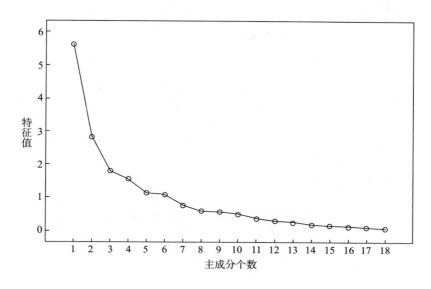

图1　碎石图

二　相关指标

表4　　　　　　　　　30个省区市2016年发展前景等级划分

发展前景	省区市
Ⅰ级（共4个）	上海市、江苏省、浙江省、北京市
Ⅱ级（共7个）	广东省、山东省、天津市、福建省、辽宁省、吉林省、内蒙古自治区
Ⅲ级（共8个）	黑龙江省、湖北省、安徽省、陕西省、海南省、湖南省、河北省、四川省
Ⅳ级（共5个）	江西省、重庆市、山西省、河南省、青海省
Ⅴ级（共6个）	宁夏回族自治区、新疆维吾尔自治区、甘肃省、广西壮族自治区、云南省、贵州省

表5   30个省区市2016年经济增长等级划分

经济增长水平	省区市
Ⅰ级（共4个）	广东省、上海市、天津市、浙江省
Ⅱ级（共6个）	江苏省、福建省、北京市、陕西省、山东省、内蒙古自治区
Ⅲ级（共6个）	湖北省、安徽省、吉林省、河南省、四川省、重庆市
Ⅳ级（共4个）	河北省、甘肃省、湖南省、黑龙江省
Ⅴ级（共10个）	新疆维吾尔自治区、江西省、山西省、广西壮族自治区、宁夏回族自治区、青海省、辽宁省、海南省、云南省、贵州省

表6   30个省区市2016年增长可持续性等级划分

增长可持续性	省区市
Ⅰ级（共4个）	上海市、江苏省、浙江省、广东省
Ⅱ级（共7个）	北京市、内蒙古自治区、海南省、福建省、新疆维吾尔自治区、天津市、吉林省
Ⅲ级（共6个）	青海省、山东省、辽宁省、黑龙江省、四川省、湖南省
Ⅳ级（共5个）	安徽省、江西省、湖北省、陕西省、河北省
Ⅴ级（共8个）	重庆市、云南省、宁夏回族自治区、广西壮族自治区、甘肃省、河南省、山西省、贵州省

表7   30个省区市2016年政府运行效率等级划分

政府效率	省区市
Ⅰ级（共4个）	北京市、浙江省、上海市、江苏省
Ⅱ级（共6个）	天津市、山东省、广东省、海南省、黑龙江省、辽宁省
Ⅲ级（共7个）	宁夏回族自治区、福建省、重庆市、吉林省、湖北省、山西省、青海省
Ⅳ级（共5个）	内蒙古自治区、湖南省、贵州省、四川省、河北省
Ⅴ级（共8个）	陕西省、江西省、安徽省、广西壮族自治区、新疆维吾尔自治区、甘肃省、河南省、云南省

表 8　　　　　　　　　30 个省区市 2016 年人民生活等级划分

人民生活	省区市
Ⅰ级（共 5 个）	上海市、天津市、北京市、浙江省、江苏省
Ⅱ级（共 8 个）	辽宁省、山东省、吉林省、福建省、陕西省、山西省、湖北省、新疆维吾尔自治区
Ⅲ级（共 6 个）	内蒙古自治区、青海省、四川省、河北省、河南省、广东省
Ⅳ级（共 5 个）	海南省、黑龙江省、宁夏回族自治区、湖南省、云南省
Ⅴ级（共 6 个）	安徽省、江西省、贵州省、甘肃省、重庆市、广西壮族自治区

表 9　　　　　　　　　30 个省区市 2016 年环境质量等级划分

环境质量	省区市
Ⅰ级（共 4 个）	海南省、北京市、青海省、宁夏回族自治区
Ⅱ级（共 7 个）	新疆维吾尔自治区、上海市、云南省、内蒙古自治区、浙江省、黑龙江省、福建省
Ⅲ级（共 7 个）	天津市、广西壮族自治区、广东省、贵州省、湖南省、吉林省、江西省
Ⅳ级（共 5 个）	安徽省、甘肃省、江苏省、重庆市、陕西省
Ⅴ级（共 7 个）	山西省、辽宁省、四川省、山东省、湖北省、河北省、河南省

（一）人均 GDP

2003—2016 年，人均 GDP 排名见表 10、表 11 和表 12。

（二）人均可支配收入

2003—2016 年，人均可支配收入排名见表 13、表 14 和表 15。

（三）PM10 指标

2003—2016 年 PM10 指标排名见表 16、表 17 和表 18。

（四）环境污染治理投资

2003—2016 年环境污染治理投资排名见表 19、表 20 和表 21。

表 10　各省区市和地区 2003—2016 年人均 GDP 排名情况

地区	序号	2003年	2004年	2005年	2006年	2007年	2008年	2009年	2010年	2011年	2012年	2013年	2014年	2015年	2016年	2003年后	2010年后
北京	1	2	2	3	3	3	3	4	4	5	5	6	7	7	7	4	5
天津	2	3	3	2	2	2	2	2	2	2	1	1	1	1	1	2	1
河北	3	10	10	11	11	11	12	12	14	14	15	15	14	14	15	14	14
山西	4	17	17	17	17	17	17	17	17	18	19	20	20	23	24	18	20
内蒙古	5	12	11	10	10	10	10	10	10	9	9	10	10	9	8	10	10
辽宁	6	7	8	8	8	8	8	8	6	6	6	5	5	8	10	8	7
吉林	7	14	13	13	13	12	11	11	11	11	11	11	11	11	11	11	11
黑龙江	8	11	12	12	12	13	13	15	15	15	14	14	15	17	17	15	15
上海	9	1	1	1	1	1	1	1	1	1	2	2	2	2	2	1	2
江苏	10	6	5	5	5	5	4	3	3	3	3	3	3	3	3	3	3
浙江	11	4	4	4	4	4	5	5	5	4	4	4	4	4	4	5	4
安徽	12	19	19	19	20	20	19	20	20	20	20	19	19	19	19	20	19
福建	13	9	9	9	9	9	9	9	9	10	10	9	8	6	6	9	9
江西	14	27	27	26	26	26	26	26	26	26	26	26	26	26	26	26	26
山东	15	8	7	7	7	7	7	7	8	7	7	7	6	5	5	7	6
河南	16	23	22	20	19	19	20	21	23	23	23	23	23	22	21	22	23
湖北	17	15	15	15	14	15	14	13	12	13	13	13	13	13	12	13	13
湖南	18	22	23	23	24	24	23	23	22	21	21	21	21	20	20	21	21

续表

地区	序号	2003年	2004年	2005年	2006年	2007年	2008年	2009年	2010年	2011年	2012年	2013年	2014年	2015年	2016年	2003年后	2010年后
广东	19	5	6	6	6	6	6	6	7	8	8	8	9	10	9	6	8
广西	20	25	25	25	23	23	24	22	21	22	22	22	22	21	22	23	22
海南	21	13	14	14	16	16	16	16	16	16	16	16	16	16	16	16	16
重庆	22	24	24	24	25	22	21	19	18	17	17	17	17	15	14	17	17
四川	23	16	16	16	15	14	15	14	13	12	12	12	12	12	13	12	12
贵州	24	30	30	30	30	30	30	30	30	30	30	30	30	30	30	30	30
云南	25	28	28	29	29	29	29	29	29	29	29	29	29	29	29	29	29
陕西	26	21	21	21	21	21	18	18	19	19	18	18	18	18	18	19	18
甘肃	27	29	29	28	28	28	28	28	28	28	28	28	27	27	27	28	28
青海	28	20	20	22	22	25	25	24	24	24	24	24	24	24	23	24	24
宁夏	29	26	26	27	27	27	27	27	27	27	27	27	28	28	28	27	27
新疆	30	18	18	18	18	18	22	25	25	25	25	25	25	25	25	25	25

地区	序号	2003年	2004年	2005年	2006年	2007年	2008年	2009年	2010年	2011年	2012年	2013年	2014年	2015年	2016年	2003年后	2010年后
东部	1	1	1	1	1	1	1	1	1	1	1	1	1	1	1	1	1
中部	2	3	3	3	3	3	3	3	3	3	3	3	3	3	3	3	3
西部	3	4	4	4	4	4	4	4	4	4	4	4	4	4	4	4	4
东北	4	2	2	2	2	2	2	2	2	2	2	2	2	2	2	2	2

表11 各省区市和地区2003—2016年人均GDP排名情况（按排名顺序）

排名	2003年	2004年	2005年	2006年	2007年	2008年	2009年	2010年	2011年	2012年	2013年	2014年	2015年	2016年	2003年后	2010年后
1	上海	上海	上海	上海	上海	上海	上海	上海	上海	天津	天津	天津	天津	天津	上海	天津
2	北京	北京	天津	天津	天津	天津	天津	天津	天津	上海	上海	上海	上海	上海	天津	上海
4	浙江	浙江	浙江	浙江	浙江	江苏	北京	北京	浙江	浙江	浙江	浙江	浙江	浙江	北京	浙江
5	广东	江苏	江苏	江苏	江苏	浙江	浙江	浙江	北京	北京	辽宁	辽宁	山东	山东	浙江	北京
6	江苏	广东	广东	广东	广东	广东	广东	辽宁	辽宁	辽宁	北京	山东	福建	福建	广东	山东
7	辽宁	山东	山东	山东	山东	山东	山东	广东	山东	山东	山东	北京	北京	北京	山东	辽宁
8	山东	辽宁	辽宁	辽宁	辽宁	辽宁	辽宁	山东	广东	广东	广东	福建	辽宁	内蒙古	辽宁	广东
9	福建	福建	福建	福建	福建	福建	福建	福建	福建	福建	内蒙古	内蒙古	内蒙古	广东	福建	福建
10	河北	河北	内蒙古	内蒙古	内蒙古	内蒙古	内蒙古	内蒙古	内蒙古	内蒙古	福建	广东	广东	辽宁	内蒙古	内蒙古
11	黑龙江	内蒙古	河北	河北	河北	吉林	吉林	吉林	吉林	吉林	吉林	吉林	吉林	吉林	吉林	吉林
12	内蒙古	黑龙江	黑龙江	黑龙江	吉林	河北	河北	湖北	四川	四川	四川	四川	四川	湖北	四川	四川
13	海南	吉林	吉林	吉林	黑龙江	黑龙江	湖北	四川	湖北	湖北	湖北	湖北	湖北	四川	湖北	湖北
14	吉林	海南	海南	湖北	四川	湖北	四川	河北	河北	黑龙江	黑龙江	河北	河北	重庆	河北	河北
15	湖北	湖北	湖北	四川	湖北	四川	黑龙江	黑龙江	黑龙江	河北	河北	黑龙江	重庆	河北	黑龙江	黑龙江
16	四川	四川	四川	海南	海南	海南	海南	海南	海南	海南	海南	海南	海南	海南	海南	海南
17	山西	山西	山西	山西	山西	山西	山西	山西	重庆	重庆	重庆	重庆	黑龙江	黑龙江	重庆	重庆
18	新疆	新疆	新疆	新疆	新疆	陕西	陕西	重庆	山西	陕西	陕西	陕西	陕西	陕西	山西	陕西

续表

排名	2003年	2004年	2005年	2006年	2007年	2008年	2009年	2010年	2011年	2012年	2013年	2014年	2015年	2016年	2003年后	2010年后
19	安徽	安徽	安徽	河南	河南	安徽	重庆	陕西	陕西	山西	安徽	安徽	安徽	安徽	陕西	安徽
20	青海	青海	河南	安徽	安徽	河南	安徽	安徽	安徽	安徽	山西	山西	湖南	湖南	安徽	山西
21	陕西	陕西	陕西	陕西	陕西	重庆	河南	广西	湖南	湖南	湖南	湖南	广西	河南	湖南	湖南
22	湖南	河南	青海	青海	重庆	新疆	广西	湖南	广西	广西	广西	广西	河南	广西	河南	广西
23	河南	湖南	湖南	广西	广西	湖南	湖南	河南	河南	河南	河南	河南	山西	青海	广西	河南
24	重庆	重庆	重庆	湖南	湖南	广西	青海	青海	青海	青海	青海	青海	青海	山西	青海	青海
25	广西	广西	广西	重庆	湖南	青海	新疆	新疆	新疆	新疆	新疆	新疆	新疆	新疆	新疆	新疆
26	宁夏	宁夏	江西	江西	江西	江西	江西	江西	江西	江西	江西	江西	江西	江西	江西	江西
27	江西	江西	宁夏	宁夏	宁夏	宁夏	宁夏	宁夏	宁夏	宁夏	宁夏	甘肃	甘肃	甘肃	宁夏	宁夏
28	云南	云南	甘肃	甘肃	甘肃	甘肃	甘肃	甘肃	甘肃	甘肃	甘肃	宁夏	宁夏	宁夏	甘肃	甘肃
29	甘肃	甘肃	云南	云南	云南	云南	云南	云南	云南	云南	云南	云南	云南	云南	云南	云南
30	贵州	贵州	贵州	贵州	贵州	贵州	贵州	贵州	贵州	贵州	贵州	贵州	贵州	贵州	贵州	贵州
排名	2003年	2004年	2005年	2006年	2007年	2008年	2009年	2010年	2011年	2012年	2013年	2014年	2015年	2016年	2003年后	2010年后
1	东部	东部	东部	东部	东部	东部	东部	东部	东部	东部	东部	东部	东部	东部	东部	东部
2	东北	东北	东北	东北	东北	东北	东北	东北	东北	东北	东北	东北	东北	东北	东北	东北
3	中部	中部	中部	中部	中部	中部	中部	中部	中部	中部	中部	中部	中部	中部	中部	中部
4	西部	西部	西部	西部	西部	西部	西部	西部	西部	西部	西部	西部	西部	西部	西部	西部

表12　2015—2016 年各省区市人均 GDP 排名变化情况

排名	2015年	2016年	变化	排名	2015年	2016年	变化	排名	2015年	2016年	变化
北京	7	7	0	浙江	4	4	0	海南	16	16	0
天津	1	1	0	安徽	19	19	0	重庆	15	14	1
河北	14	15	-1	福建	6	6	0	四川	12	13	-1
山西	23	24	-1	江西	26	26	0	贵州	30	30	0
内蒙古	9	8	1	山东	5	5	0	云南	29	29	0
辽宁	8	10	-2	河南	22	21	1	陕西	18	18	0
吉林	11	11	0	湖北	13	12	1	甘肃	27	27	0
黑龙江	17	17	0	湖南	20	20	0	青海	24	23	1
上海	2	2	0	广东	10	9	1	宁夏	28	28	0
江苏	3	3	0	广西	21	22	-1	新疆	25	25	0

表 13　各省区市和地区 2003—2016 年人均可支配收入排名情况

地区	序号	2003年	2004年	2005年	2006年	2007年	2008年	2009年	2010年	2011年	2012年	2013年	2014年	2015年	2016年	2003年后	2010年后
北京	1	2	2	2	3	3	3	4	4	5	6	6	5	5	3	4	5
天津	2	3	3	3	4	4	4	3	3	3	3	3	4	4	4	3	3
河北	3	14	16	14	13	15	16	16	17	17	17	16	15	14	13	15	15
山西	4	18	18	18	18	18	21	21	21	20	20	20	17	16	17	18	18
内蒙古	5	16	15	12	14	14	17	17	16	15	14	13	12	11	11	13	11
辽宁	6	9	8	8	7	7	8	8	9	9	9	9	8	8	6	8	8
吉林	7	12	12	13	16	17	13	14	14	14	16	17	18	18	18	17	17
黑龙江	8	15	14	16	17	16	15	13	13	16	15	15	16	17	12	14	16
上海	9	1	1	1	1	1	1	1	1	1	1	1	1	1	1	1	1
江苏	10	6	6	6	6	5	6	6	6	6	5	5	3	3	5	5	4
浙江	11	5	5	5	2	2	2	2	2	2	2	2	2	2	2	2	2
安徽	12	21	19	21	15	13	14	15	15	13	13	14	13	12	14	16	14
福建	13	7	7	7	9	9	7	7	7	7	7	7	7	7	9	7	7
江西	14	22	21	19	25	25	22	22	22	23	23	23	23	23	23	23	23
山东	15	8	9	9	8	8	9	9	8	8	8	8	9	9	8	9	9
河南	16	20	20	20	22	22	23	23	23	22	22	22	22	22	22	22	22
湖北	17	10	10	10	11	11	12	12	12	12	12	12	11	13	15	11	12
湖南	18	17	17	17	20	19	19	20	20	21	21	21	21	21	20	21	21

续表

地区	序号	2003年	2004年	2005年	2006年	2007年	2008年	2009年	2010年	2011年	2012年	2013年	2014年	2015年	2016年	2003年后	2010年后
广东	19	4	4	4	5	6	5	5	5	4	4	4	6	6	7	6	6
广西	20	19	24	24	21	21	18	18	19	19	19	19	20	19	19	20	20
海南	21	13	11	11	12	12	11	11	11	11	11	11	14	15	16	12	13
重庆	22	25	22	29	19	20	20	19	18	18	18	18	19	20	21	19	19
四川	23	11	13	15	10	10	10	10	10	10	10	10	10	10	10	10	10
贵州	24	30	30	30	30	30	30	30	30	29	29	29	29	30	29	30	29
云南	25	26	23	22	23	24	25	25	24	25	25	25	25	26	27	25	25
陕西	26	29	29	26	24	23	24	24	25	24	24	24	24	24	24	24	24
甘肃	27	24	25	23	27	28	28	28	27	27	27	27	26	25	25	26	26
青海	28	27	27	27	29	29	26	26	26	26	26	26	27	28	28	27	27
宁夏	29	28	28	28	26	27	29	29	29	30	30	30	30	29	30	29	30
新疆	30	23	26	25	28	26	27	27	28	28	28	28	28	27	26	28	28

地区	序号	2003年	2004年	2005年	2006年	2007年	2008年	2009年	2010年	2011年	2012年	2013年	2014年	2015年	2016年	2003年后	2010年后
东部	1	1	1	1	1	1	1	1	1	1	1	1	1	1	1	1	1
中部	2	3	3	3	3	3	3	3	3	3	3	3	3	3	3	3	3
西部	3	4	4	4	4	4	4	4	4	4	4	4	4	4	4	4	4
东北	4	2	2	2	2	2	2	2	2	2	2	2	2	2	2	2	2

表14　各省区市和地区2003—2016年人均可支配收入排名情况（按排名顺序）

排名	2003年	2004年	2005年	2006年	2007年	2008年	2009年	2010年	2011年	2012年	2013年	2014年	2015年	2016年	2003年后	2010年后
1	上海	上海	上海	上海	上海	上海	上海	上海	上海	上海	上海	上海	上海	上海	上海	上海
2	北京	北京	北京	浙江	浙江	浙江	浙江	浙江	浙江	浙江	浙江	浙江	浙江	浙江	浙江	浙江
4	广东	广东	广东	天津	天津	天津	北京	北京	广东	广东	广东	天津	天津	天津	北京	江苏
5	浙江	浙江	浙江	广东	江苏	广东	广东	广东	北京	江苏	江苏	北京	北京	江苏	江苏	北京
6	江苏	江苏	江苏	江苏	广东	江苏	江苏	江苏	江苏	北京	北京	广东	广东	辽宁	广东	广东
7	福建	福建	福建	辽宁	辽宁	福建	福建	福建	福建	福建	福建	福建	福建	广东	福建	福建
8	山东	辽宁	辽宁	山东	山东	辽宁	辽宁	山东	山东	山东	山东	辽宁	辽宁	山东	辽宁	辽宁
9	辽宁	山东	山东	福建	福建	山东	山东	辽宁	辽宁	辽宁	辽宁	山东	山东	福建	山东	山东
10	湖北	湖北	湖北	四川	四川	四川	四川	四川	四川	四川	四川	四川	四川	四川	四川	四川
11	四川	海南	海南	湖北	湖北	海南	海南	海南	海南	海南	海南	湖北	内蒙古	内蒙古	湖北	内蒙古
12	吉林	吉林	内蒙古	海南	海南	湖北	湖北	湖北	湖北	湖北	湖北	内蒙古	安徽	黑龙江	海南	湖北
13	海南	四川	吉林	河北	安徽	吉林	黑龙江	黑龙江	安徽	安徽	内蒙古	安徽	湖北	河北	内蒙古	海南
14	河北	黑龙江	河北	内蒙古	内蒙古	安徽	吉林	吉林	吉林	内蒙古	安徽	海南	河北	安徽	黑龙江	安徽
15	黑龙江	内蒙古	四川	安徽	河北	黑龙江	安徽	安徽	内蒙古	黑龙江	黑龙江	黑龙江	海南	湖南	河北	河北
16	内蒙古	河北	黑龙江	吉林	黑龙江	河北	河北	内蒙古	黑龙江	吉林	河北	河北	山西	海南	安徽	黑龙江
17	湖南	湖南	湖南	黑龙江	吉林	内蒙古	内蒙古	河北	河北	河北	吉林	山西	黑龙江	山西	吉林	吉林
18	山西	山西	山西	山西	山西	广西	广西	重庆	重庆	重庆	重庆	吉林	吉林	吉林	山西	山西

续表

排名	2003年	2004年	2005年	2006年	2007年	2008年	2009年	2010年	2011年	2012年	2013年	2014年	2015年	2016年	2003年后	2010年后
19	广西	安徽	江西	重庆	湖南	湖南	重庆	广西	广西	广西	广西	重庆	广西	广西	重庆	重庆
20	河南	河南	河南	湖南	重庆	重庆	湖南	湖南	山西	山西	山西	广西	重庆	湖南	广西	广西
21	安徽	江西	安徽	广西	广西	山西	山西	山西	湖南	湖南	湖南	湖南	湖南	重庆	湖南	湖南
22	江西	重庆	云南	河南	河南	江西	江西	江西	河南	河南	河南	河南	河南	河南	河南	河南
23	新疆	云南	甘肃	云南	陕西	河南	河南	河南	江西	江西	江西	江西	江西	江西	江西	江西
24	甘肃	广西	广西	陕西	云南	陕西	陕西	云南	陕西	陕西	陕西	陕西	陕西	陕西	陕西	陕西
25	重庆	甘肃	新疆	江西	江西	云南	云南	陕西	云南	云南	云南	云南	甘肃	甘肃	云南	云南
26	云南	新疆	陕西	宁夏	新疆	青海	青海	青海	青海	青海	青海	甘肃	云南	新疆	甘肃	甘肃
27	青海	青海	青海	甘肃	甘肃	新疆	新疆	甘肃	甘肃	甘肃	甘肃	青海	新疆	云南	青海	青海
28	宁夏	宁夏	宁夏	新疆	青海	甘肃	甘肃	新疆	新疆	新疆	新疆	新疆	青海	青海	新疆	新疆
29	陕西	陕西	重庆	青海	宁夏	宁夏	宁夏	宁夏	贵州	贵州	贵州	贵州	宁夏	贵州	宁夏	贵州
30	贵州	贵州	贵州	贵州	贵州	贵州	贵州	贵州	宁夏	宁夏	宁夏	宁夏	贵州	宁夏	贵州	宁夏
排名	2003年	2004年	2005年	2006年	2007年	2008年	2009年	2010年	2011年	2012年	2013年	2014年	2015年	2016年	2003年后	2010年后
1	东部	东部	东部	东部	东部	东部	东部	东部	东部	东部	东部	东部	东部	东部	东部	东部
2	东北	东北	东北	东北	东北	东北	东北	东北	东北	东北	东北	东北	东北	东北	东北	东北
3	中部	中部	中部	中部	中部	中部	中部	中部	中部	中部	中部	中部	中部	中部	中部	中部
4	西部	西部	西部	西部	西部	西部	西部	西部	西部	西部	西部	西部	西部	西部	西部	西部

表15　2015—2016年各省区市人均可支配收入排名变化情况

排名	2015年	2016年	变化	排名	2015年	2016年	变化	排名	2015年	2016年	变化
北京	5	3	2	浙江	2	2	0	海南	15	16	-1
天津	4	4	0	安徽	12	14	-2	重庆	20	21	-1
河北	14	13	1	福建	7	9	-2	四川	10	10	0
山西	16	17	-1	江西	23	23	0	贵州	30	29	1
内蒙古	11	11	0	山东	9	8	1	云南	26	27	-1
辽宁	8	6	2	河南	22	22	0	陕西	24	24	0
吉林	18	18	0	湖北	13	15	-2	甘肃	25	25	0
黑龙江	17	12	5	湖南	21	20	1	青海	28	28	0
上海	1	1	0	广东	6	7	-1	宁夏	29	30	-1
江苏	3	5	-2	广西	19	19	0	新疆	27	26	1

表 16　各省区市和地区 2003—2016 年 PM10 指标排名情况

地区	序号	2003年	2004年	2005年	2006年	2007年	2008年	2009年	2010年	2011年	2012年	2013年	2014年	2015年	2016年	2003年后	2010年后
北京	1	25	27	29	29	30	26	26	26	26	26	12	19	19	22	25	22
天津	2	19	13	14	19	11	11	16	14	13	17	22	26	26	23	20	24
河北	3	30	20	27	26	26	23	18	15	19	18	30	30	30	28	27	27
山西	4	28	30	28	27	25	12	22	11	10	8	26	20	20	25	22	18
内蒙古	5	12	4	11	12	7	4	6	2	6	9	20	24	18	14	9	12
辽宁	6	21	23	20	21	23	24	23	17	17	10	11	16	16	17	18	15
吉林	7	6	6	12	10	12	14	10	12	12	11	19	18	21	11	11	14
黑龙江	8	16	15	13	13	13	17	17	18	20	12	17	10	10	6	12	11
上海	9	5	8	6	6	9	9	9	8	8	3	5	5	7	8	7	7
江苏	10	15	18	16	14	16	16	15	23	18	19	14	15	15	20	17	19
浙江	11	14	11	17	15	17	19	13	16	14	13	8	9	8	9	10	8
安徽	12	8	12	10	11	21	29	24	24	27	20	13	14	12	15	16	16
福建	13	3	2	3	3	3	5	3	6	3	2	2	4	4	3	2	2
江西	14	9	9	8	7	6	8	8	10	11	14	15	8	9	12	8	10
山东	15	27	28	25	20	22	27	27	25	24	21	24	28	28	27	26	25
河南	16	11	14	15	16	15	13	14	22	23	22	28	29	29	29	23	26
湖北	17	20	22	21	22	24	21	20	21	21	23	18	27	23	19	21	21
湖南	18	22	24	23	17	14	15	12	9	9	15	9	13	11	10	13	9

续表

地区	序号	2003年	2004年	2005年	2006年	2007年	2008年	2009年	2010年	2011年	2012年	2013年	2014年	2015年	2016年	2003年后	2010年后
广东	19	7	10	7	4	5	6	5	3	4	4	3	2	3	4	5	4
广西	20	2	3	2	2	2	2	2	4	5	5	7	6	5	7	3	5
海南	21	1	1	1	1	1	1	1	1	1	1	1	1	1	1	1	1
重庆	22	26	25	22	18	18	18	21	19	15	16	10	12	14	16	15	13
四川	23	13	17	24	23	19	20	19	20	22	27	23	11	13	13	19	17
贵州	24	10	5	4	5	8	7	7	7	7	6	6	7	6	5	6	6
云南	25	4	7	5	8	4	3	4	5	2	7	4	3	2	2	4	3
陕西	26	23	26	26	24	28	22	25	28	28	28	29	25	24	26	28	28
甘肃	27	29	29	30	30	27	28	30	30	30	29	25	23	25	21	30	29
青海	28	24	21	18	25	20	25	29	27	25	24	27	22	22	18	24	23
宁夏	29	18	19	9	9	10	10	11	13	16	25	16	21	27	24	14	20
新疆	30	17	16	19	28	29	30	28	29	29	30	21	17	17	30	29	30

地区	序号	2003年	2004年	2005年	2006年	2007年	2008年	2009年	2010年	2011年	2012年	2013年	2014年	2015年	2016年	2003年后	2010年后
东部	1	1	1	1	1	1	1	1	1	1	1	1	1	1	1	1	1
中部	2	4	4	4	4	4	3	3	4	3	3	4	4	4	4	4	4
西部	3	3	2	2	3	2	2	2	2	2	4	3	2	2	3	2	3
东北	4	2	3	3	2	3	4	4	3	4	2	2	3	3	2	3	2

表17　各省区市和地区2003—2016年PM10指标排名情况（按排名顺序）

排名	2003年	2004年	2005年	2006年	2007年	2008年	2009年	2010年	2011年	2012年	2013年	2014年	2015年	2016年	2003年后	2010年后
1	海南	海南	海南	海南	海南	海南	海南	海南	海南	海南	海南	海南	海南	海南	海南	海南
2	广西	福建	广西	广西	广西	广西	广西	内蒙古	云南	福建	福建	广东	云南	云南	福建	福建
4	云南	内蒙古	贵州	广东	云南	内蒙古	云南	广西	广东	广东	云南	福建	福建	广东	云南	广东
5	上海	贵州	云南	贵州	广东	福建	广东	云南	广西	广西	上海	上海	广西	贵州	广东	广西
6	吉林	吉林	上海	上海	江西	广东	内蒙古	福建	内蒙古	贵州	贵州	广西	贵州	黑龙江	贵州	贵州
7	广东	云南	广东	江西	内蒙古	贵州	贵州	贵州	贵州	云南	广西	贵州	上海	广西	上海	上海
8	安徽	上海	江西	云南	贵州	江西	江西	上海	上海	山西	浙江	江西	浙江	上海	江西	浙江
9	江西	江西	宁夏	宁夏	上海	上海	上海	湖南	湖南	内蒙古	湖南	浙江	江西	浙江	内蒙古	湖南
10	贵州	广东	安徽	吉林	宁夏	宁夏	吉林	江西	山西	辽宁	重庆	黑龙江	黑龙江	湖南	浙江	江西
11	河南	浙江	内蒙古	安徽	天津	天津	宁夏	山西	江西	吉林	辽宁	四川	湖南	吉林	吉林	黑龙江
12	内蒙古	安徽	吉林	内蒙古	吉林	山西	湖南	吉林	吉林	黑龙江	北京	重庆	安徽	江西	黑龙江	内蒙古
13	四川	天津	黑龙江	黑龙江	黑龙江	河南	浙江	宁夏	天津	浙江	安徽	湖南	四川	四川	湖南	重庆
14	浙江	河南	天津	江苏	湖南	吉林	河南	天津	浙江	江西	江苏	安徽	重庆	内蒙古	宁夏	吉林
15	江苏	黑龙江	河南	浙江	河南	湖南	江苏	河北	重庆	湖南	江西	江苏	江苏	安徽	重庆	辽宁
16	黑龙江	新疆	江苏	河南	江苏	江苏	天津	浙江	宁夏	重庆	宁夏	辽宁	辽宁	重庆	安徽	安徽
17	新疆	四川	浙江	湖南	浙江	黑龙江	黑龙江	辽宁	辽宁	天津	黑龙江	新疆	新疆	辽宁	江苏	四川
18	宁夏	江苏	青海	重庆	重庆	重庆	河北	黑龙江	江苏	河北	湖北	吉林	内蒙古	青海	辽宁	山西

续表

排名	2003年	2004年	2005年	2006年	2007年	2008年	2009年	2010年	2011年	2012年	2013年	2014年	2015年	2016年	2003年后	2010年后
19	天津	宁夏	新疆	天津	四川	浙江	四川	重庆	河北	江苏	吉林	北京	北京	湖北	四川	江苏
20	湖北	河北	辽宁	山东	青海	四川	湖北	四川	黑龙江	安徽	内蒙古	山西	山西	江苏	天津	宁夏
21	辽宁	青海	湖北	辽宁	安徽	湖北	重庆	湖北	湖北	山东	新疆	宁夏	吉林	甘肃	湖北	湖北
22	湖南	湖北	重庆	湖北	山东	陕西	山西	河南	四川	河南	天津	青海	青海	北京	山西	北京
23	陕西	辽宁	湖南	四川	辽宁	河北	辽宁	江苏	河南	湖北	四川	甘肃	湖北	天津	河南	青海
24	青海	湖南	四川	陕西	湖北	辽宁	安徽	安徽	山东	青海	山东	内蒙古	陕西	宁夏	青海	天津
25	北京	重庆	山东	青海	山西	青海	陕西	山东	青海	宁夏	甘肃	陕西	甘肃	山西	北京	山东
26	重庆	陕西	陕西	河北	河北	北京	北京	北京	北京	北京	山西	天津	天津	陕西	山东	河南
27	山东	北京	河北	山西	甘肃	山东	山东	青海	安徽	四川	青海	湖北	宁夏	山东	河北	河北
28	山西	山东	山西	新疆	陕西	甘肃	新疆	陕西	陕西	陕西	河南	山东	山东	河北	陕西	陕西
29	甘肃	甘肃	北京	北京	新疆	安徽	青海	新疆	新疆	甘肃	陕西	河南	河南	河南	新疆	甘肃
30	河北	山西	甘肃	甘肃	北京	新疆	甘肃	甘肃	甘肃	新疆	河北	河北	河北	新疆	甘肃	新疆

排名	2003年	2004年	2005年	2006年	2007年	2008年	2009年	2010年	2011年	2012年	2013年	2014年	2015年	2016年	2003年后	2010年后
1	东部	东部	东部	东部	东部	东部	东部	东部	东部	东部	东部	东部	东部	东部	东部	东部
2	东北	西部	西部	东北	西部	西部	西部	西部	西部	东北	东北	西部	西部	东北	西部	东北
3	西部	东北	东北	西部	东北	中部	中部	东北	中部	中部	西部	东北	东北	西部	东北	西部
4	中部	中部	中部	中部	中部	东北	东北	中部	东北	西部	中部	中部	中部	中部	中部	中部

表18 **2015—2016年各省区市PM10指标排名变化情况**

排名	2015年	2016年	变化	排名	2015年	2016年	变化	排名	2015年	2016年	变化
北京	19	22	-3	浙江	8	9	-1	海南	1	1	0
天津	26	23	3	安徽	12	15	-3	重庆	14	16	-2
河北	30	28	2	福建	4	3	1	四川	13	13	0
山西	20	25	-5	江西	9	12	-3	贵州	6	5	1
内蒙古	18	14	4	山东	28	27	1	云南	2	2	0
辽宁	16	17	-1	河南	29	29	0	陕西	24	26	-2
吉林	21	11	10	湖北	23	19	4	甘肃	25	21	4
黑龙江	10	6	4	湖南	11	10	1	青海	22	18	4
上海	7	8	-1	广东	3	4	-1	宁夏	27	24	3
江苏	15	20	-5	广西	5	7	-2	新疆	17	30	-13

表19　各省区市和地区2003—2016年环境污染治理投资排名情况

序号	地区	2003年	2004年	2005年	2006年	2007年	2008年	2009年	2010年	2011年	2012年	2013年	2014年	2015年	2016年	2003年后	2010年后
1	北京	10	16	10	3	2	8	4	10	15	8	7	3	8	6	5	6
2	天津	2	6	2	13	12	18	11	20	11	20	19	9	27	26	14	20
3	河北	16	17	11	10	8	10	9	6	4	10	10	11	13	15	9	8
4	山西	14	12	13	7	3	3	1	2	5	4	5	5	4	7	4	4
5	内蒙古	13	5	3	2	5	5	7	4	2	2	2	2	3	3	2	2
6	辽宁	5	3	4	4	14	12	13	23	9	3	21	24	19	17	10	14
7	吉林	20	14	20	11	20	20	24	15	24	25	29	28	26	24	24	26
8	黑龙江	8	10	24	17	23	13	16	16	18	12	8	21	20	20	18	15
9	上海	12	23	18	15	18	16	22	26	25	29	27	22	23	21	23	27
10	江苏	6	7	5	6	10	11	21	22	20	21	15	14	12	11	13	16
11	浙江	7	8	12	14	21	2	25	19	26	23	22	19	18	19	19	23
12	安徽	23	24	22	20	15	6	10	13	8	9	6	7	5	4	8	5
13	福建	26	21	9	24	22	26	27	25	21	22	20	26	22	22	25	24
14	江西	22	25	23	25	24	29	23	9	6	5	12	12	11	14	17	9
15	山东	9	11	7	9	9	7	12	18	14	14	13	13	16	16	15	17
16	河南	25	28	26	26	26	28	28	29	30	28	25	25	25	23	30	30
17	湖北	28	26	19	16	27	23	18	24	16	17	23	20	24	25	22	22
18	湖南	29	30	30	29	28	24	20	27	28	26	24	27	6	5	26	21

续表

地区	序号	2003年	2004年	2005年	2006年	2007年	2008年	2009年	2010年	2011年	2012年	2013年	2014年	2015年	2016年	2003年后	2010年后
广东	19	21	29	27	30	30	30	29	1	29	30	30	30	30	30	29	28
广西	20	17	19	16	18	13	9	5	8	12	15	14	16	9	9	12	11
海南	21	30	22	29	23	11	21	17	21	23	13	28	29	29	29	27	25
重庆	22	4	2	6	5	6	14	6	3	3	11	18	17	21	28	7	10
四川	23	15	13	14	22	19	22	26	30	27	27	26	23	28	27	28	29
贵州	24	24	20	28	21	25	27	30	28	22	24	17	8	15	12	21	19
云南	25	27	27	25	28	29	25	15	12	13	16	11	18	17	18	20	18
陕西	26	11	15	21	19	16	17	8	7	17	19	16	10	14	13	16	13
甘肃	27	18	18	15	8	4	19	14	11	19	7	4	6	7	8	6	7
青海	28	19	9	17	12	7	4	19	17	10	18	9	15	10	10	11	12
宁夏	29	1	1	1	1	1	1	2	5	1	6	3	4	2	2	1	3
新疆	30	3	4	8	27	17	15	3	14	7	1	1	1	1	1	3	1
地区	序号	2003年	2004年	2005年	2006年	2007年	2008年	2009年	2010年	2011年	2012年	2013年	2014年	2015年	2016年	2003年后	2010年后
东部	1	3	3	1	3	2	2	4	2	4	4	4	3	3	3	4	3
中部	2	4	4	4	4	4	4	2	4	2	3	2	2	2	2	2	2
西部	3	1	1	2	1	1	1	1	1	1	1	1	1	1	1	1	1
东北	4	2	2	3	2	3	3	3	3	3	2	3	4	4	4	3	4

表20

各省区市和地区 2003—2016 年环境污染治理投资排名情况（按排名顺序）

排名	2003年	2004年	2005年	2006年	2007年	2008年	2009年	2010年	2011年	2012年	2013年	2014年	2015年	2016年	2003年后	2010年后
1	宁夏	宁夏	宁夏	宁夏	宁夏	宁夏	山西	广东	宁夏	新疆	新疆	新疆	新疆	新疆	宁夏	新疆
2	天津	重庆	天津	内蒙古	北京	浙江	宁夏	山西	内蒙古	内蒙古	内蒙古	内蒙古	宁夏	宁夏	内蒙古	内蒙古
4	重庆	新疆	辽宁	辽宁	甘肃	青海	北京	内蒙古	河北	山西	甘肃	宁夏	山西	安徽	山西	山西
5	辽宁	内蒙古	江苏	重庆	内蒙古	内蒙古	广西	宁夏	山西	江西	山西	山西	安徽	湖南	北京	安徽
6	江苏	天津	重庆	江苏	重庆	安徽	重庆	河北	江西	宁夏	安徽	甘肃	湖南	北京	甘肃	北京
7	浙江	江苏	山东	山西	青海	山东	内蒙古	陕西	新疆	甘肃	北京	安徽	甘肃	山西	重庆	甘肃
8	黑龙江	浙江	浙江	甘肃	河北	北京	陕西	广西	安徽	北京	黑龙江	贵州	北京	甘肃	安徽	河北
9	山东	青海	河北	河北	山东	广西	河北	江西	辽宁	安徽	青海	天津	广西	广西	河北	江西
10	北京	黑龙江	新疆	吉林	江苏	河北	安徽	北京	青海	河北	河北	陕西	青海	青海	辽宁	重庆
11	陕西	山东	福建	青海	海南	江苏	天津	甘肃	天津	重庆	云南	河北	江西	江苏	青海	广西
12	上海	山西	四川	天津	天津	辽宁	山东	云南	广西	黑龙江	江西	江西	江苏	贵州	广西	青海
13	内蒙古	四川	甘肃	浙江	广西	黑龙江	辽宁	安徽	云南	海南	山东	山东	河北	陕西	江苏	陕西
14	山西	吉林	山西	上海	辽宁	重庆	甘肃	新疆	山东	山东	广西	江苏	陕西	江西	天津	辽宁
15	四川	陕西	北京	湖北	安徽	新疆	云南	吉林	北京	广西	江苏	青海	贵州	河北	山东	黑龙江
16	河北	北京	广西	陕西	陕西	上海	黑龙江	黑龙江	湖北	云南	陕西	广西	山东	山东	陕西	江苏
17	广西	河北	青海	黑龙江	新疆	陕西	海南	青海	陕西	湖北	贵州	重庆	云南	辽宁	江西	山东
18	甘肃	甘肃	上海	广西	上海	天津	湖北	山东	黑龙江	青海	重庆	云南	浙江	云南	黑龙江	云南

续表

排名	2003年	2004年	2005年	2006年	2007年	2008年	2009年	2010年	2011年	2012年	2013年	2014年	2015年	2016年	2003年后	2010年后
19	青海	广西	湖北	陕西	四川	甘肃	青海	浙江	甘肃	陕西	天津	浙江	辽宁	浙江	浙江	贵州
20	吉林	贵州	吉林	安徽	吉林	吉林	湖南	天津	江苏	天津	福建	湖北	黑龙江	黑龙江	云南	天津
21	广东	福建	陕西	贵州	浙江	海南	江苏	海南	福建	江苏	辽宁	黑龙江	重庆	上海	贵州	湖南
22	江西	海南	安徽	四川	福建	四川	上海	江苏	贵州	福建	浙江	上海	福建	福建	湖北	湖北
23	安徽	上海	江西	海南	黑龙江	湖北	江西	辽宁	海南	浙江	湖北	四川	上海	河南	上海	浙江
24	贵州	安徽	黑龙江	福建	江西	湖南	吉林	湖北	吉林	贵州	湖南	辽宁	湖北	吉林	吉林	福建
25	河南	江西	云南	江西	贵州	云南	浙江	福建	上海	吉林	河南	河南	河南	湖北	福建	海南
26	福建	湖北	河南	河南	河南	福建	四川	上海	浙江	湖南	四川	福建	吉林	天津	湖南	吉林
27	云南	云南	广东	新疆	湖北	贵州	福建	湖南	四川	四川	上海	湖南	天津	四川	海南	上海
28	湖北	河南	贵州	云南	河南	河南	河南	贵州	湖南	河南	海南	吉林	四川	重庆	四川	广东
29	湖南	广东	海南	湖南	云南	江西	广东	河南	广东	上海	吉林	海南	海南	海南	广东	四川
30	海南	湖南	湖南	广东	广东	广东	贵州	四川	河南	广东	广东	广东	广东	广东	河南	河南
排名	2003年	2004年	2005年	2006年	2007年	2008年	2009年	2010年	2011年	2012年	2013年	2014年	2015年	2016年	2003年后	2010年后
1	西部	西部	东部	西部	西部	西部	西部	西部	西部	西部	西部	西部	西部	西部	西部	西部
2	东北	东北	西部	东北	东部	东部	中部	东部	中部	东北	中部	中部	中部	中部	中部	中部
3	东部	东部	东北	东北	东北	东北	东北	东北	东北	东部	东北	东部	东部	东部	东北	东部
4	中部	中部	中部	中部	中部	中部	东部	中部	东部	东部	东部	东北	东北	东北	东部	东北

表 21　　2015—2016 年各省区市环境污染治理投资排名变化情况

排名	2015 年	2016 年	变化	排名	2015 年	2016 年	变化	排名	2015 年	2016 年	变化
北京	8	6	2	浙江	18	19	-1	海南	29	29	0
天津	27	26	1	安徽	5	4	1	重庆	21	28	-7
河北	13	15	-2	福建	22	22	0	四川	28	27	1
山西	4	7	-3	江西	11	14	-3	贵州	15	12	3
内蒙古	3	3	0	山东	16	16	0	云南	17	18	-1
辽宁	19	17	2	河南	25	23	2	陕西	14	13	1
吉林	26	24	2	湖北	24	25	-1	甘肃	7	8	-1
黑龙江	20	20	0	湖南	6	5	1	青海	10	10	0
上海	23	21	2	广东	30	30	0	宁夏	2	2	0
江苏	12	11	1	广西	9	9	0	新疆	1	1	0

（五）发展前景和人均 GDP 误差值排名

2003—2016 年、2003 年后综合、2010 年后平均值误差为 2.44，发展前景排名和人均 GDP 排名有一定的类比性。

表 22　　各省区市 2003—2016 年发展前景和人均 GDP 误差值排名

省区市	编号	误差值	排名	省区市	编号	误差值	排名	省区市	编号	误差值	排名
北京	1	1.38	22	浙江	11	1.13	24	海南	21	2.88	10
天津	2	3.75	7	安徽	12	2.63	12	重庆	22	5.44	2
河北	3	2.44	13	福建	13	1.25	23	四川	23	4.00	6
山西	4	5.19	3	江西	14	2.44	14	贵州	24	0.00	30
内蒙古	5	4.25	5	山东	15	0.63	27	云南	25	0.19	29
辽宁	6	1.69	19	河南	16	2.00	17	陕西	26	1.63	20
吉林	7	1.56	21	湖北	17	1.06	25	甘肃	27	2.69	11
黑龙江	8	3.44	8	湖南	18	2.06	16	青海	28	2.94	9
上海	9	0.38	28	广东	19	2.13	15	宁夏	29	7.00	1
江苏	10	0.88	26	广西	20	4.50	4	新疆	30	1.75	18

表 23　　各省区市 2003—2016 年发展前景和人均 GDP 误差值排名

排名	省区市	误差值	排名	省区市	误差值	排名	省区市	误差值
1	宁夏	7.00	11	甘肃	2.69	21	吉林	1.56
3	山西	5.19	13	河北	2.44	23	福建	1.25
4	广西	4.50	14	江西	2.44	24	浙江	1.13
5	内蒙古	4.25	15	广东	2.13	25	湖北	1.06
6	四川	4.00	16	湖南	2.06	26	江苏	0.88
7	天津	3.75	17	河南	2.00	27	山东	0.63
8	黑龙江	3.44	18	新疆	1.75	28	上海	0.38
9	青海	2.94	19	辽宁	1.69	29	云南	0.19
10	海南	2.88	20	陕西	1.63	30	贵州	0.00

（六）发展前景和人均可支配收入误差值排名

2003—2016 年、2003 年后综合、2010 年后平均排名均值误差为 3.18，发展前景排名和人均可支配收入排名有一定的类比性。

表 24　　　　各省区市 2003—2016 年发展前景和
人均可支配收入误差值排名

省区市	编号	误差值	排名	省区市	编号	误差值	排名	省区市	编号	误差值	排名
北京	1	1.00	26	浙江	11	0.94	28	海南	21	5.50	6
天津	2	2.25	14	安徽	12	4.69	7	重庆	22	4.69	8
河北	3	2.88	13	福建	13	2.06	16	四川	23	6.94	5
山西	4	7.00	4	江西	14	2.06	17	贵州	24	0.38	29
内蒙古	5	1.19	25	山东	15	1.63	22	云南	25	4.13	10
辽宁	6	1.00	27	河南	16	1.75	21	陕西	26	7.25	3
吉林	7	4.06	11	湖北	17	1.56	23	甘肃	27	1.81	20
黑龙江	8	4.38	9	湖南	18	1.81	19	青海	28	1.88	18
上海	9	0.00	30	广东	19	1.31	24	宁夏	29	8.81	1
江苏	10	2.19	15	广西	20	7.31	2	新疆	30	2.94	12

表 25　　　　　各省区市 2003—2016 年发展前景和

人均可支配收入误差值排名

排名	省区市	误差值	排名	省区市	误差值	排名	省区市	误差值
1	宁夏	8.81	11	吉林	4.06	21	河南	1.75
3	陕西	7.25	13	河北	2.88	23	湖北	1.56
4	山西	7.00	14	天津	2.25	24	广东	1.31
5	四川	6.94	15	江苏	2.19	25	内蒙古	1.19
6	海南	5.50	16	福建	2.06	26	北京	1.00
7	安徽	4.69	17	江西	2.06	27	辽宁	1.00
8	重庆	4.69	18	青海	1.88	28	浙江	0.94
9	黑龙江	4.38	19	湖南	1.81	29	贵州	0.38
10	云南	4.13	20	甘肃	1.81	30	上海	0.00

三　泰尔指数计算方法

基于中国 30 个省区市[①]泰尔指数计算公式如下：

$$T_j = \sum_{i=1}^{N} \frac{POP_i}{POP_j} \cdot \ln\left(\frac{POP_i}{POP_j} \middle/ \frac{P_i}{P_j}\right)$$

其中，j = 41、42、43 分别表示东部地区、中部地区、西部地区（四板块即东部地区、中部地区、西部地区和东北地区类似，j = 44 表示东北地区），N 是指 30 个省区市。POP_i 是第 i 个省区市人口数占全部人口数比重，POP_j 在 j = 41、42、43 时分别表示东部地区、中部地区、西部地区人口数占全部人口数比重，P_i 表示第 i 个省区市具体指标占全部指标比重，具体指标可以是各省区市人均 GDP、劳动生产率、TFP、资本产出率等，P_j 是指东部地区、中部地区、西部地区具体指标占全部比重。

地区间泰尔系数：

$$T_1 = \sum_{j=41}^{43} POP_j \cdot \ln(POP_j / P_j)$$

---

①　因为数据可得性、可比性或者部分统计指标的缺失，所以，此次分析暂时不考虑我国的西藏自治区、香港特别行政区、澳门特别行政区和台湾地区。

其中，j = 41、42、43 分别表示东部地区、中部地区和西部地区。

地区内泰尔系数为：

$$T_2 = \sum_{j=41}^{43} POP_j \cdot T_j$$

其中，T_j 在 j = 41、42、43 时分别表示东部地区、中部地区、西部地区的泰尔系数。

泰尔系数为：

$$T = T_1 + T_2$$

贡献率：

$$T = T_1 + T_2 = T_1 + \sum_{j=41}^{43} POP_j \cdot T_j$$

对上式两边除以 T：

$$\frac{T_1}{T} + \sum_{j=41}^{43} POP_j \cdot \frac{T_j}{T} = 1$$

其中，$\frac{T_1}{T}$ 为地区间差异对总体差异的贡献率，$POP_j \cdot \frac{T_j}{T}$ 在 j 为 41、42、43 时分别为东部地区、中部地区和西部地区内差异对总体差异的贡献率。

四 指标说明

全社会劳动生产率 = 不变价格 GDP/从业人员数

资本产出率 = 不变价格 GDP/不变价格固定资本存量

投资效果系数 = 不变价格 GDP/不变价格全社会固定资产投资完成额

GDP2 = 第二产业增加值（现价）/国内生产总值（现价）

GDP3 = 第三产业增加值（现价）/国内生产总值（现价）

城市化率 = 非农人口数量/总人口数量

对外开放度 = 进出口总额（现价）/国内生产总值（现价）

专利授权量 = （国内发明专利申请授权量 × 3 + 国内实用新型专利申请授权量 × 2 + 国内外观设计专利申请授权量 × 1）/6

地方财政教育事业费支出 = 不变价格人均地方财政教育事业费支出

地方财政科学事业费支出 = 不变价格人均地方财政科学事业费支出

地方财政卫生事业费支出 = 不变价格人均地方财政卫生事业费支出

人力资本 = (特殊教育毕业生数 × 1 + (小学 H) × 1 + (初中 H) × 1.7 + (中等职业学校毕业生数) × 3.4 + (高中 H) × 3.4 + 高校毕业生数 × 22)/(特殊教育毕业生数 + (小学 H) + (初中 H) + (中等职业学校毕业生数) + (高中 H) + 高校毕业生数)。[①]

有效劳动力比例 = 15—64 岁人口数/年末总人口数

市场化程度 = 1 − 国有及国有控股企业工业总产值/工业总产值

人均可支配收入 = 城镇家庭平均每人可支配收入 × 城镇人口占比 + 农村居民家庭人均年纯收入 × 农村人口占比

万人卫生机构数 = 卫生机构数/年底总人口数

万人床位数 = 卫生机构床位数/年底总人口数

医疗条件指数 = 万人卫生机构数 × 万人床位数

[①]　小学 H = 小学毕业生人数 − 小学升入初中的毕业生人数；初中 H = 初中毕业生人数 − 初中升入高中的毕业生人数；高中 H = 高中毕业生人数 − 高中升入大学的毕业生人数

参考文献

［1］边雅静、沈利生：《人力资本对我国东西部经济增长影响的实证分析》，《数量经济技术经济研究》2004 年第 12 期。

［2］蔡昉、都阳：《中国地区经济增长的趋同与差异——对西部开发战略的启示》，《经济研究》2000 年第 10 期。

［3］董先安：《浅释中国地区收入差距：1952—2002》，《经济研究》2004 年第 9 期。

［4］范剑勇、朱国林：《中国地区差距演变及其结构分解》，《管理世界》2002 年第 7 期。

［5］贺灿飞、梁进社：《中国地区经济差异的时空变化：市场化、全球化与城市化》，《管理世界》2004 年第 8 期。

［6］贾俊雪、郭庆旺：《中国地区经济趋同与差异分析》，《中国人民大学学报》2007 年第 5 期。

［7］李扬、张平、刘霞辉主编，袁富华、张自然副主编：《中国经济增长报告（2013—2014）》，社会科学文献出版社 2014 年版。

［8］联合国环境规划署：《21 世纪议程》，中国环境科学出版社 1994 年版。

［9］林毅夫、李周：《中国经济转型时期的地区差距分析》，《经济研究》1998 年第 6 期。

［10］林毅夫、刘培林：《中国的经济发展战略与地区收入差距》，《经济研究》2003 年第 3 期。

［11］刘夏明、魏英琪、李国平：《收敛还是发散？——中国地区经济发展争论的文献综述》，《经济研究》2004 年第 7 期。

［12］马拴友、于红霞：《转移支付与地区经济收敛》，《经济研究》

2003 年第 3 期。

［13］潘文卿：《中国地区经济差异与收敛》，《中国社会科学》2010
年第 1 期。

［14］彭国华：《中国地区收入差距、全要素生产率及其收敛分析》，
《经济研究》2005 年第 9 期。

［15］沈坤荣、马俊：《中国经济增长的"俱乐部收敛"特征及其成
因研究》，《经济研究》2002 年第 1 期。

［16］沈坤荣、金刚、方娴：《环境规制引起了污染就近转移吗》，
《经济研究》2017 年第 5 期。

［17］孙波：《可持续发展评价指标体系述评》，博士学位论文，中国
科学院，2003 年。

［18］覃成林：《中国地区经济增长趋同与分异研究》，《人文地理》
2004 年第 3 期。

［19］覃成林、张伟丽：《中国地区经济增长俱乐部趋同检验及因素
分析——基于 CART 的地区分组和待检影响因素信息》，《管理
世界》2009 年第 3 期。

［20］王小鲁、樊纲：《中国地区差距的变动趋势和影响因素》，《经
济研究》2004 年第 1 期。

［21］王志刚：《质疑中国经济增长的条件收敛性》，《管理世界》
2004 年第 3 期。

［22］魏后凯：《中国地区间居民收入差异及其分解》，《经济研究》
1996 年第 11 期。

［23］魏后凯：《中国地区经济增长及其收敛性》，《中国工业经济》
1997 年第 3 期。

［24］徐现祥、李郇：《中国城市经济增长的趋同分析》，《经济研究》
2004 年第 5 期。

［25］许召元、李善同：《近年来中国地区差距的变化趋势》，《经济
研究》2006 年第 7 期。

［26］叶文虎、仝川：《联合国可持续发展指标体系述评》，《中国人
口·资源与环境》1997 年第 9 期。

[27] 张平:《中国经济增长前沿》,中国社会科学出版社 2011 年版。

[28] 张平:《"结构性"减速下的中国宏观政策和制度机制选择》,《经济学动态》2012 年第 10 期。

[29] 张平、刘霞辉主编,袁富华、张自然副主编:《中国经济增长报告(2011—2012)》,社会科学文献出版社 2013 年版。

[30] 张自然:《TFP 增长对中国城市经济增长与波动的影响——基于 264 个地级及地级以上城市数据》,《金融评论》2014 年第 1 期。

[31] 张自然、陆明涛:《全要素生产率对中国地区经济增长与波动的影响》,《金融评论》2013 年第 1 期。

[32] 张自然、张平、刘霞辉等:《1990—2014 年中国各省区市发展前景评价》,转引自李扬、张平、刘霞辉等《中国经济增长报告(2013—2014)》,社会科学文献出版社 2014 年版。

[33] 张自然、张平、刘霞辉等:《1990—2016 年中国各省区市发展前景评价》,转引自李扬、张平、刘霞辉等《中国经济增长报告(2015—2016)》,社会科学文献出版社 2016 年版。

[34] 章奇:《中国地区经济发展差距分析》,《管理世界》2001 年第 1 期。

[35] 中国科学院可持续发展战略研究组:《中国可持续发展战略报告——探索中国特色的低碳道路》,科学出版社 2009 年版。

[36] Barro, R. J. and Sala - I - Martin, X., "Convergence Across U. S. States and Regions", *Brookings Papers on Economic Activity*, Vol. 22, No. 3, 1991, pp. 107 – 182.

[37] Chen, J. and Fleisher, B. M., "Regional Income Inequality and Economic Growth in China", *Journal of Comparative Economics*, Vol. 22, No. 3, 1996, pp. 141 – 164.

[38] Fujita, M. and Hu, D., "Regional Disparity in China 1985 – 1994: The Effects of Globalization and Economic Liberalization", *The Annals of Regional Science*, Vol. 35, No. 1, 2001, pp. 3 – 37.

[39] Galor, O., "Convergence? Inferences from Theoretical Models",

Economic Journal, Vol. 106, No. 437, 1996, pp. 1056 – 1069.

[40] Jian, T. et al. , "Trends in Regional Inequality in China", *China Economic Review*, Vol. 7, No. 1, 1996, p. 1 – 21.

[41] Kai, Y. T. , "China's Regional Inequality: 1952 – 1985", *Journal of Comparative Economics*, Vol. 15, No. 1, 1991, pp. 1 – 21.

[42] Raiser, M. , "Subsidising Inequality: Economic Reforms, Fiscal Transfers and Convergence across Chinese Provinces", *The Journal of Development Studies*, Vol. 34, No. 3, 1997, pp. 1 – 26.

[43] Sala – I – Martin, X. , "The Classical Approach to Convergence Analysis", *Economic Journal*, Vol. 106, No. 437, 1995, pp. 1019 – 1036.

[44] Tomkins, J. , "Convergence Clubs in the Regions of Greece", *Applied Economics Letters*, Vol. 11, No. 6, 2004, pp. 387 – 391.

[45] Yudon, Y. and Weeks, M. , "Provincial Income Convergence in China 1953 – 1997: A Panel Data Approach", *Cambridge Working Papers in Economics*, 2000.

[46] United, Nations, *Development Programme*: *Human Development Report*, Oxford University Press, 1999.

[47] World Bank, *The World Bank Public Information Center Annual Report FY95*, World Bank, Washington D. C. , 1995.